U0252346

社交网络大数据融合
——关联用户挖掘

周小平　梁　循　著

科学出版社

北　京

内 容 简 介

社交网络融合为社会计算等各项研究提供更充分的用户行为数据和更完整的网络结构，从而更有利于人们通过社交网络认识和理解人类社会，具有重要的理论价值和实践意义。社交网络中的关联用户挖掘旨在通过挖掘不同社交网络中属于同一自然人的不同账号，从而实现社交网络的深度融合。因此，关联用户挖掘是大型社交网络融合的基础问题，近年来已引起人们的广泛关注。考虑真实世界的朋友圈极具个性化，即现实中没有两个人具有完全一致的朋友圈，同时，相同的用户在不同的社交网络中往往具有部分相同的好友关系。本书基于社交网络的好友关系，充分利用好友关系的唯一性、稳定性和一致性，探索关联用户挖掘的方法。

本书适用于从事社交网络、大数据挖掘等领域的研究人员。

图书在版编目（CIP）数据

社交网络大数据融合：关联用户挖掘／周小平，梁循著. —北京：科学出版社，2019.6

ISBN 978-7-03-060417-0

Ⅰ. ①社… Ⅱ. ①周… ②梁… Ⅲ. ①互联网络-数据处理 Ⅳ. ①TP393.4

中国版本图书馆 CIP 数据核字（2019）第 012966 号

责任编辑：阚　瑞 / 责任校对：张凤琴
责任印制：赵　博 / 封面设计：迷底书装

科学出版社出版
北京东黄城根北街 16 号
邮政编码：100717
http://www.sciencep.com
北京中石油彩色印刷有限责任公司印刷
科学出版社发行　各地新华书店经销
*
2019 年 6 月第　一　版　开本：720 × 1000　B5
2025 年 2 月第四次印刷　印张：7 3/4
字数：150 000

定价：58.00 元

(如有印装质量问题，我社负责调换)

前　言

社交网络是当前学术界和产业界的研究热点。然而，现阶段大多数研究都集中于单一的社交网络内部。社交网络融合为社会计算等各项研究提供更充分的用户行为数据和更完整的网络结构，从而更有利于人们通过社交网络认识和理解人类社会，具有重要的理论价值和实践意义。准确、全面、快速的关联用户挖掘是大型社交网络融合的根本问题。社交网络中的关联用户挖掘旨在通过挖掘不同社交网络中同属于同一自然人的不同账号，从而实现社交网络的深度融合，近年来已引起人们的广泛关注。然而，社交网络的自身数据量大，用户属性相似、稀疏且存在虚假和不一致等特点给关联用户挖掘带来了极大的挑战。

用户关系，尤其是好友关系，是社交网络中较稳定、不易受攻击且可获取的信息。目前，基于用户关系的最相关研究大都针对匿名化的社交网络在线发布数据的还原(又称“去匿名化”)。然而，“去匿名化”方法大多适用于部分子网高度重叠的两个网络，不能直接应用于节点和关系都部分重叠的社交网络融合。考虑真实世界的朋友圈极具个性化，也即现实中没有两个人具有完全一致的朋友圈，同时，相同的用户在不同的社交网络中往往具有部分相同的好友关系，为此，本书提出基于社交网络的好友关系探索关联用户挖掘的方法。

第 1 章介绍了社交网络大数据融合及其核心问题和面临的主要挑战。

第 2 章系统给出了关联用户挖掘所涉及的相关术语和关联用户挖掘定义，并从社交网络重叠阐述了基于好友关系关联用户挖掘的可行性。

第 3 章总结了关联用户挖掘总体研究框架，从用户属性、用户关系及其综合等三个方面梳理并总结了当前关联用户挖掘的研究现状，给出了关联用户挖掘的性能评价方法。

第 4 章介绍了基于好友关系的半监督关联用户挖掘方法，从半监督的角度解决了基于用户属性的关联用户挖掘所存在的易受攻击、健壮性差等问题。最后，讨论了所提出的基于好友关系的半监督关联用户挖掘方法对知识管理的应用。

第 5 章介绍了基于好友关系的无监督关联用户挖掘方法，解决了基于好友关系的半监督关联用户挖掘方法受先验关联用户限制的问题。最后，讨论了所提出的基于好友关系的无监督关联用户挖掘方法对知识管理的应用。

第 6 章给出了一种综合用户属性和用户关系的关联用户挖掘模型及其近似求解和并行计算方法。

第 7 章为总结与展望，对本书的研究工作进行了总结，并指出未来有价值的研究问题。

本书受国家社会科学基金重大项目(基金编号：18ZDA309)的资助，特此感谢。

目　　录

第 1 章　社交网络大数据融合

1.1　社交网络与社交网络大数据融合

社交网络(social network)是指人们用于创建、分享、交流信息和观点的虚拟社区和网络[1]。近年来，随着 Facebook、Twitter 的影响力不断提高，微博、微信在人们日常生活中的深入渗透，社交网络已使得当前社会经济文化问题日益呈现出了动态性、快速性、开放性、交互性和数据海量化等特点[2]。得益于社交网络所产生的海量用户行为数据，研究人员使用社交网络进行社区发现[3]、影响力分析[4]、链接分析[5]、情感分析[6]、观点挖掘[6]、商务智能[7]、企业决策支持[8]等[2, 9, 10]。

由于社交网络功能和需求的差异性，越来越多的用户同时使用多个社会网络。例如，人们可以在人人网上发一些动态文章，同时也会在微博上分享他们的旅游照片。据研究报告显示，截至 2013 年，约有 42%的用户同时使用多个社交网络，其中，93%的 Instagram 用户同时使用 Facebook，53%的 Twitter 用户同时使用 Instagram。用户由于不同的目的使用多个社会网络，因此，分析用户在单一网络里的行为是无法全面了解用户的性格及兴趣特征。然而，大多数的社交网络研究都仅局限于单一的社交网络内部。

定义 1-1　社交网络大数据融合。社交网络大数据融合，又称社交网络融合，是指通过匹配不同社交媒体中的相同节点，将多个社交媒体融合形成一个规模更大、信息更完备的社交媒体。

社交网络大数据融合为社交网络的相关研究提供了更完备的用户行为数据，是现阶段社交网络研究的一个重要和热点问题，已成为社交网络领域研究的新趋势和新方向。

首先，社交网络大数据融合为社交网络各项研究提供更为完善的用户行为数据，将使社交网络的研究更全面、更准确，也更有利于人们认识社交网络，进而通过社交网络认识人类社会。以图 1.1 为例，当某个自然人计划去青海湖骑行时，他很可能会先在豆瓣上注册用户，并在上面寻找骑友。当他到青海湖骑行的过程中，他会通过微博或者微信等发布他实时的动态和美好风景等。旅程结束时，他很可能会撰写完整的骑行游记或攻略，并发布在人人网或者马蜂窝等社交平台上。因此，如果我们能够融合上述提及的社交网络，那么，将可能得到该用户在多个社交网络的完整用户关系，更详细的用户个人资料和全流程的用户行为数据。这些数据将更有利于社交网络的各项分析。

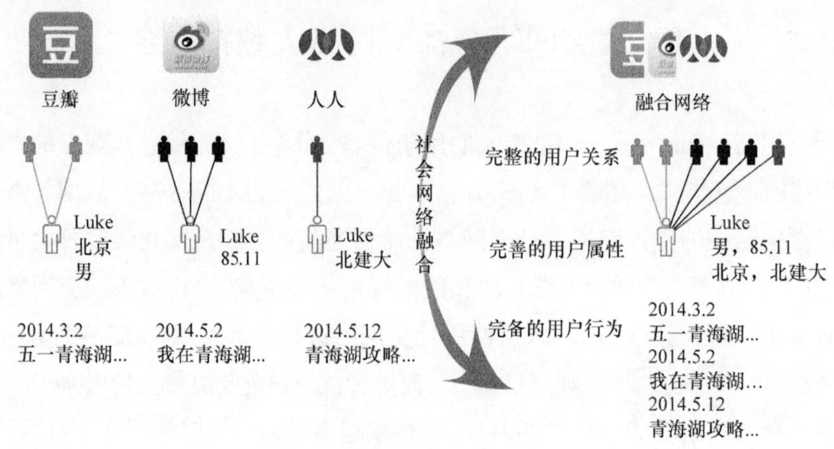

图 1.1　社交网络融合示意图

其次，社交网络大数据融合能够帮助解决只利用单一网络数据无法解决的问题，如冷启动问题[11]和数据稀疏性问题等。例如，一个新成立的社交网络没有充足的历史数据来给用户进行推荐，如果我们能够在其他已建立的社交网络上识别这些用户，那么就可以从成熟的社交网站上转移数据到新的社交网站上，从而解决数据稀疏性和冷启动问题。

然后，社交网络大数据融合能帮助我们分析用户的迁移模式，并给网站的发展提供指导。通常，用户从一个网络迁移到另一个网络反映了用户所经历的网站的发展。跨平台的用户身份关联能够很好地研究用户的迁移行为。

此外，社会网络融合还有以下功能。

(1) 增强好友推荐机制。

在线用户参与可以提升好友推荐机制[12,13]。目前大多数的好友推荐算法基本是：推荐不相关的好友；推荐共同好友。比如在社交网络 SN_1 上，两个用户 U_1 和 U_2 不是好友关系，但是他们均和用户 U_3 是好友，那么 U_1 很有可能会被推荐给 U_2。如果用户 U_1 和 U_2 同时也是社交网络 SN_2 的用户，他们在 SN_2 上也不是好友关系，也没有共同好友，根据从 SN_1 上获取的信息，推荐系统在社交网络 SN_2 上可以把 U_1 推荐给 U_2。这种推荐方式可通过跨平台来实现。

(2) 信息扩散。

信息扩散的研究基本集中在单一网络。实际上，信息和谣言可在社交网络内部以及多个社交网络间传播。因此，研究跨平台的信息传播是更有意义的。此外，不同类型的信息在网络内和网络间传播的速度差异性也是未来研究的一个方向。

(3) 动态网络分析。

单一网络的动态性分析已有很多文献涉及。这些网络具有幂率分布、平均路径较短、高聚类等特征。然而，用户活跃于多个网络，这些网络特征也应该推广到多网络，尤其是单一网络与多网络动态性的异同。目前很多研究在寻找用户参与的网络类型，他们的度特征分布(如好友数)以及用户在不同网络上的好友差异。

1.2　社交网络大数据融合的核心问题

用户是社交网络的主体。由于不同的使用需求，人们在不同的社交网络上注册用户。因此，用户是社交网络融合的天然桥梁。

定义 1-2　关联用户。假定 U_i^A 和 U_i^B 分别是大型社交网络 SN^A 和 SN^B 中的用户。若 U_i^A 和 U_i^B 是现实世界中同一自然人分别在 SN^A 和 SN^B 中的账户(用户)，则 U_i^A 和 U_i^B 是关联用户，记为 $U_i^A = U_i^B$。

定义 1-3　关联用户挖掘。关联用户挖掘是指根据已知信息 Υ，获取 SN^A 和 SN^B 中所有关联用户的方法。通常，关联用户挖掘将转化为关联用户识别问题，即判定两个来自 SN^A 和 SN^B 的用户 U_i^A 和 U_i^B 在已知信息 Υ 下是否同属于一个自然人 Γ，即

$$f(a,\hat{a}|\Upsilon)=\begin{cases}1, & a=\hat{a}\\ 0, & a\neq\hat{a}\end{cases} \tag{1-1}$$

社交网络间的关联用户挖掘旨在发现准确、全面的关联用户以实现社交网络的深度融合(图 1.2)。显然，关联用户挖掘将直接从社交网络节点上融合社交网络。因此，构建准确、全面、快速的关联用户挖掘模型和方法是社交网络融合的核心问题。

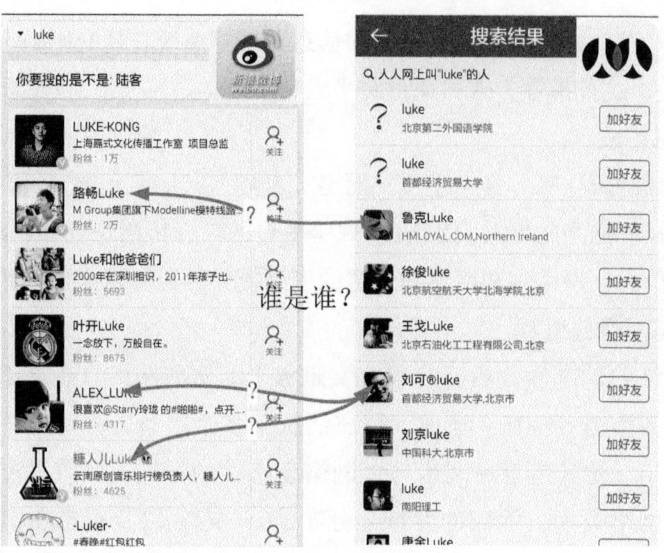

图 1.2 关联用户挖掘示意图

1.3 社交网络大数据融合的主要挑战

早期，研究人员通过 Email 构建“Find Friend”机制构建关联用户挖掘方法[14]。绝大多数的社交网络都通过 Email 注册账号(近年来兴起的移动社交网络中，有部分使用手机号注册账号)。由于 Email 的唯一性，“Find Friend”使用社交网络所提供的“Email 查找用户”功能挖掘不同社交网络间的关联用户。近年来，随着人们对自身网络隐私的重视以及社交网络对用户数据的保护，可获取的用户属性信息越来越少。据统计，用户平均在一个社交网络中公开 4 项属性信息[15]，这给关联用户挖掘及社交网络融合带来了极大的挑战。大型社交网络是指用户数达到千万级以上的社交网络，如新浪微博、人人网、Twitter、Facebook 等，它们所提供的海量社会行为数据更有利于各领域的研究。因此，大型社交网络关联用户挖掘更具有研究价值，且其理论和方法也能应用于小型社交网络。目前，大型社交网络关联用户挖掘所面临的挑战包括以下几点。

(1) 相似性。随着用户数量的增加，大型社交网络出现了大量的具有相似或相同属性信息但不关联的用户。如图 1.2 所示，新浪微博和人人网都有上千用户名包含 luke 的用户。

(2) 稀疏性。因许多用户未填写某项(些)属性而导致该项(些)属性信息较为稀疏。例如，头像是社交网络中的一项重要属性，而只有 66%的用户会上传头像[16]。

(3) 虚假性。社交网络用户属性的虚假性主要源于：①用户因不愿公开某项(些)属性而填写虚假的属性值；②恶意用户因其需要设定用户属性与某(些)其他用户相同；③用户填写属性信息时的随意性也容易造成虚假信息。

(4) 不一致性。同一用户在不同的社交网络中对同一属性填写不同的值。

(5) 大数据。社交网络往往包含千万级以上的用户，其给社交网络融合带来了极大挑战。

用户属性是挖掘关联用户的最直接方法。现阶段，大多数的关联用户发现方法都基于用户属性(如昵称、头像)相似度的计算。然而，大型社交网络中用户属性的相似性、稀疏性、虚假性和不一致性使得单纯使用用户属性挖掘关联用户方法易受恶意用户的攻击，健壮性较差。

用户关系，尤其是好友关系，是社交网络中较稳定、不易受攻击且可获取的信息。目前，基于用户关系挖掘关联用户的研究大都针对匿名化的社交网络在线发布数据的还原(又称去匿名化)[17]。然而，“去匿名化”方法大多适用于部分子网高度重叠的两个网络，不能直接应用于节点和关系都部分重叠的社交网络融合。基于好友关系建立关联用户挖掘方法，将从网络结构角度为建立准确、全面、健壮的关联用户挖掘模型提供重要的理论和方法补充。其相关理论和方法可为“去匿名化”和大数据融合等领域提供借鉴，有利于解决协同过滤中的“冷启动”问题，具有重要的理论价值和应用意义。

1.4　本书主要内容

本书主要研究面向社交网络大数据融合的关联用户挖掘方法。当前，基于用户属性的关联用户挖掘方法已经取得了较多的研究成果，而仅有少数研究利用了社交网络的网络结构(好友关系)。针对现有基于用户属性的关联用户挖掘方法所存在的健壮性较差、易受恶意用户攻击等问题，本书充分利用好友关系的稳定性和一致性，建立半监督和无监督的关联用户挖掘方法，其主要内容可以概括为以下几点。

(1) 系统总结关联用户挖掘的研究现状。总结关联用户挖掘的总体研究框架，从用户属性、用户关系及其综合使用三个方面综述关联用户挖掘的研究现状，给出关联用户挖掘的性能评价指标和数据集。

(2) 提出一种基于好友关系的半监督关联用户挖掘方法。分析不同社交网络好友关系特征，建立不同社交网络用户和好友关系部分重叠的随机抽样模型，建立在给定部分关联用户情况下的好友相似度计算模型，最终形成基于好友关系的半监督关联用户挖掘方法。

(3) 提出一种基于好友关系的无监督关联用户挖掘方法。在研究对好友关系特征的基础上，借鉴现有深度学习的前沿理论和方法，将不同空间的高维、稀疏、离散的好友关系映射到统一空间中低维、连续的向量，而后，建立不同用户的用户关系相似度模型，形成基于好友关系的无监督关联用户挖掘算法。

(4) 分析关联用户挖掘方法对企业知识管理的应用。在社交网络环境下，基于半监督的关联用户挖掘方法可以帮助企业快速应对企业内部人员变动对知识管理的影响，基于无监督的关联用户挖掘方法可以帮助企业迅速反映企业外部社交网络变迁对知识管理的影响。

第 2 章　关联用户挖掘定义

社交网络是指人们创建、分享和/或交换信息和想法的虚拟社区和网络[1]。在社交网络中，人们可以在有界系统内构建公开或半公开的个人资料，以及与其他用户建立连接关系并进行信息交流[18]。因此，社交网络通常包含三个关键要素：公共或半公开的用户个人资料，用户发布因社交需要而产生的内容及其时间和位置等信息以及用户之间的连接关系(或网络)。本章系统介绍涉及社交网络关联用户挖掘的相关术语和社交网络关联用户挖掘的数学定义。

2.1　基本术语定义

定义 2-1　社交网络。社交网络定义为 SN = $\{U, C, I\}$，其中，U，C 和 I 分别表示用户及其公开或半公开的个人资料信息，用户连接和用户因社交需要而发布的内容和交互信息以及这些行为的时间和位置等信息。

通常，社交网络中 U 主要包含用户名、用户头像、用户签名、用户出生日期、用户教育背景和用户的工作职业等。I 包括用户之间的关注关系、好友关系、评论关系、转发关系、@关系和私信关系等。C 包括用户发布的内容(user generated content, UGC)、用户相互发送的私信信息以及这些行为的发生时间和位置等信息。

深入研究 SN 的主要组成部分，不难发现 C 和 I 都是由 U 生成的。也即，C 和 I 也可作为 U 的特殊属性。因此，U 是 SN 中的核心元素。从该意义上说，关联用户挖掘是跨社交网络研究中最重要的问题之一。

由于跨社交网络研究往往涉及多个社交网络，为此，在本书中，$\mathrm{SN}^A = \{U^A, C^A, I^A\}$用于表示社交网络 A，其中，U^A，C^A 和 I^A 分别表示社交网络 A 中的用户集合、用户连接集合和用户交互内容集合。例如，$\mathrm{SN}^{\mathrm{Twitter}} = \{U^{\mathrm{Twitter}}, C^{\mathrm{Twitter}}, I^{\mathrm{Twitter}}\}$表示社交网络 Twitter。

不失一般性，本书所用符号的上标为社交网络的标识，下标为社交网络中用户的标识。例如，U_i 表示未知社交网络中的用户 i，U_i^A 表示社交网络 SN^A 中的用户 i。

本书重点研究基于网络结构或用户连接的关联用户挖掘方法，因此，在本书中社交网络简化为 SN = {U, C}。

定义 2-2　好友关系。社交网络中的用户连接分为单向连接和双向连接。单向连接又称关注关系，双向连接又称好友关系。在微博类社交网络中，如果用户 a 关注了用户 b，而用户 b 没有关注用户 a，则称 a 和 b 之间建立单向连接。若 a 和 b 同时彼此关注了对方，则称 a 和 b 建立了双向连接或好友关系。在 Facebook 或人人网社交网络中，好友关系的建立需要双方的确认，也即一方发起好友请求，另一方对请求进行确认。

在微博等社交网络中，一个用户可以随意的关注另一用户，而好友关系是连接双方共同承认的关系，也更能反映真实世界的人际关系。因此，在关联用户挖掘中，单向连接由于随意性而容易被伪造，而好友关系由于需要双方的确认而更健壮，也更适用于关联用户挖掘。为此，本书所讨论的网络结构或用户连接又指好友关系。此时，社交网络可以表示为 SN = {U, F}，其中，F 为社交网络 SN 的好友关系集合。

定义 2-3　度/好友数。社交网络 SN 中用户 U_i 的好友集合为 F_i，用户 U_i 的度为其好友数，表示为 $d_i = |F_i|$，其中$|\cdot|$表示集合中的元素数目。

定义 2-4　关联用户/关联用户对。若社交网络 SN^A 中的用户 U_i^A 和社交网络 SN^B 中的用户 U_i^B 同属于同一自然人的账户，则称 U_i^A 和 U_i^B 为关联用户，记为 $U_i^A = U_i^B$。此时，(U_i^A, U_i^B) 组成一对关联用户，记为 $I(U_i^A, U_i^B)$。

定义 2-5　先验关联用户。在关联用户算法执行前，作为已知先验知识给定的部分关联用户集合，称为先验关联用户集合 $\mathcal{P}$。先验关联用户集合中的关联用户则为先验关联用户。

先验关联用户集合是有监督和半监督关联用户挖掘的必要条件。先验关联用户的获取方式通常有以下几种。

(1) 从用户个人网站中获取。例如，用户在 Google+和 About.me 等网站中会关联其 Facebook、Twitter 账号信息等[19]。

(2) 通过比较个人资料、内容和网络特征等获取。例如，有些用户会在其 Twitter 账号中关联其 Facebook 账号等[13]。

(3) 当上述两种方法都较难获取先验关联用户时，需要进行人工标注。此时，人工标注的工作量将相当繁复。例如，在新浪微博和人人网中进行先验关联用对标注。

定义 2-6　候选关联用户/候选关联用户对。任何社交网络 SN^A 中的待关联用户 U_i^A 和社交网络 SN^B 中的待关联用户 U_j^B 组成一对候选关联用户，表示为 $\ddot{I}(U_i^A, U_j^B)$ 或 $\ddot{I}_{A\sim B}(i,j)$。一对候选关联用户又称候选关联用户对。本书将所有的候选关联用户集合标识为 $\ddot{I}(\cdot,\cdot)$，将包含社交网络 SN^A 中的待关联用户 U_i^A 的所有候选关联用户集合标识为 $\ddot{I}(U_i^A,\cdot)$，将包含社交网络 SN^B 中的待关联用户 U_j^B 的所有候选关联用户集合标识为 $\ddot{I}(\cdot,U_j^B)$。初始情况下，在无监督关联用户挖掘中，$\ddot{I}(\cdot,\cdot)$ 包含 $|U^A| \times |U^B|$ 个候选关联用户，$\ddot{I}(U_i^A,\cdot)$ 中包含 $|U^B|$ 个候选关联用户。图 2.1 为候选关联用户的示例。

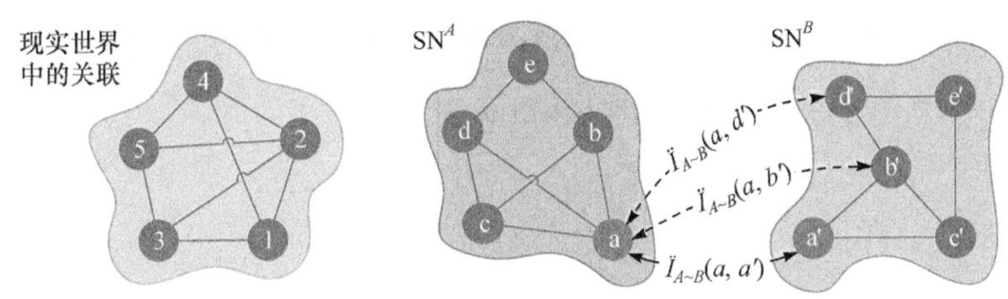

图 2.1　术语定义示例

社交网络 SN^A 中的用户 U_A^A 与社交网络 SN^B 中的任一用户形成一对候选关联用户

定义 2-7　相似度/匹配度。相似度定量度量在给定一定已知条件的情况下候选关联用户 $\ddot{I}(U_i^A, U_j^B)$ 中两个用户 U_i^A 和 U_j^B 的相似性。在关联用户挖掘中，有些文献又将相似度称为匹配度。

在给定先验关联用户集合的情况下，已知共同好友(好友共献)、Dice 系数等都可以用于计算候选关联用户 $\ddot{I}(U_i^A, U_j^B)$ 中两个用户 U_i^A 和 U_j^B 的相似度。在无先验关联用户集合的情况下，U_i^A 和 U_j^B 的相似度计算是一件极有挑战的任务。本书所提出的基于好友关系的无监督关联用户挖掘算法采用深度学习提取 U_i^A 和 U_j^B 的好友特征，形成好友特征向量，而后通过计算好友特征向量的欧式距离在度量 U_i^A 和 U_j^B 的相似度。

2.2　关联用户挖掘问题定义

通常，关联用户挖掘将转化为判定两个来自 SN^A 和 SN^B 的用户 U_i^A 和 U_j^B 在

已知信息 Υ 下是否同属于一个自然人 Γ。

问题 2-1　关联用户识别。给定已知信息 Υ，判断用户 U_i^A 和 U_j^B 是否同属于一个自然人 Γ，即为关联用户识别。其数学定义如下：

$$f(U_i^A, U_j^B | \Upsilon) = \begin{cases} 1, & U_i^A = U_j^B \\ 0, & \text{其他} \end{cases} \tag{2-1}$$

本书主要探讨基于好友关系的关联用户挖掘方法，其已知信息 Υ 主要为好友关系。在半监督或者有监督的关联用户挖掘方法中，Υ 还包含先验关联用户集合 $\mathcal{P}$。因此，$\Upsilon = \{F^A, F^B, \mathcal{P}\}$。此时，关联用户挖掘可进行细化定义。

问题 2-2　基于好友关系的关联用户识别。给定已知关联用户集合 $\mathcal{P}$，通过两个社交网络的好友关系 F^A 和 F^B，判断用户 U_i^A 和 U_j^B 是否同属于一个自然人，即为基于好友关系的关联用户识别。其数学定义如下：

$$f(U_i^A, U_j^B | F^A, F^B, \mathcal{P}) = \begin{cases} 1, & U_i^A = U_j^B \\ 0, & \text{其他} \end{cases} \tag{2-2}$$

显然，社交网络关联用户挖掘旨在根据已知信息，寻找最合适的关联用户挖掘函数 f。

在基于好友关系的无监督关联用户挖掘中，有 $\mathcal{P} = \varnothing$。此时，问题可做进一步的细化定位。

问题 2-3　基于好友关系的无监督关联用户识别。给定两个社交网络的好友关系 F^A 和 F^B，判断用户 U_i^A 和 U_j^B 是否同属于一个自然人，即为基于好友关系的无监督关联用户识别。其数学定义如下：

$$f(U_i^A, U_j^B | F^A, F^B) = \begin{cases} 1, & U_i^A = U_j^B \\ 0, & \text{其他} \end{cases} \tag{2-3}$$

2.3　社交网络重叠性

社交网络的重叠性是社交网络关联用户挖掘的基本假设，也是社交网络关联用户挖掘可行性的基础。鉴于本书主要探索基于好友关系的关联用户挖掘方法，本部分将从用户重叠性和好友关系重叠性两方面进行讨论。

1. 社交网络用户重叠性

人们往往因为不同的使用需求而注册不同的社交网络账号。因此，社交网络中的用户具有一定的重叠性。许多研究也证实了不同的社交网络具有很多相同的用户或属于同一自然人的账户。毫无疑问，不同社交网络的用户重叠是多社交网络关联用户挖掘的基础。所有关联用户挖掘研究都提及用户重叠。早在 2007 年，就有研究发现 64%的 Facebook 用户拥有 MySpace 账户[20]。最近，Goga 等指出许多人在 Google+，MySpace，Twitter，Facebook 和 Flickr 都有注册账户[21]。

2018 年年初，最新的调查结果显示①：91%Instagram 用户同时还使用 Facebook，95%Snapchat 用户也同时使用 YouTube。更多的社交网络用户重叠见图 2.2 所示。

% of __ users who also ...

	Use Twitter	Use Instagram	Use Facebook	Use Snapchat	Use YouTube	Use WhatsApp	Use Pinterest	Use LinkedIn
Twitter	–	73%	90%	54%	95%	35%	49%	50%
Instagram	50	–	91	60	95	35	47	41
Facebook	32	47	–	35	87	27	37	33
Snapchat	48	77	89	–	95	33	44	37
YouTube	31	45	81	35	–	28	36	32
WhatsApp	38	55	85	40	92	–	33	40
Pinterest	41	56	89	41	92	25	–	42
LinkedIn	47	57	90	40	94	35	49	–

Source: Survey conducted Jan. 3-10, 2018.
"Social Media Use in 2018"

90% of LinkedIn users also use Facebook

图 2.2　2018 年社交网络用户重叠调查结果图

图来源：Pew Research Center，http://www.pewinternet.org/2018/03/01/social-media-use-in-2018/

2. 社交网络好友关系重叠性

到目前为止，还没有研究对两个社交网络中的网络结构或好友关系重叠性进行全面的量化统计。但是，现有针对具体社交网络的跨平台研究从一定程度上证实了社交网络网络结构的重叠性。NS 算法[22]完全基于网络结构挖掘真实数据集中的关联用户，证明用户在 Twitter 和 Flickr 中具有相似的连接关系(网络结构)。Paridhi 发现，用户倾向于在社交网络与相同的一部分人进行联系，如熟人等，并引入网络结构来提高 Twitter 和 Facebook 之间用户识别的准确性[23,24]。显然，所

① http://www.pewinternet.org/2018/03/01/social-media-use-in-2018/

有基于网络结构的关联用户挖掘方法都隐藏着网络结构的重叠性。也即，网络结构重叠性是基于网络结构的关联用户挖掘方法的基本假设。在中文社交网络中，Xuan 和 Wu 等调查显示：中国最著名的即时通信工具 QQ，其用户会跟约 60%的 QQ 好友的通电话[25]。网络结构重叠，也即好友关系重叠的可能原因包括：①很多人倾向于在不同的社交网络中与他们的现实生活中的朋友(例如，同学、同事和家庭成员)建立关系；②人们倾向于与具有相似兴趣的人建立联系；③在关注型社交网络中，用户通常在不同的社交网络关注“大 V”用户。

为了证实社交网络好友关系，本书对人人网和新浪微博进行了抽样调查。对于自然人 Γ，本书提取其在人人网和新浪微博的所有用户列表(示例见图 2.3)，而后，将列表发给 Γ，由当事人对其好友进行账号匹配，从而保证了匹配结果的准确性。

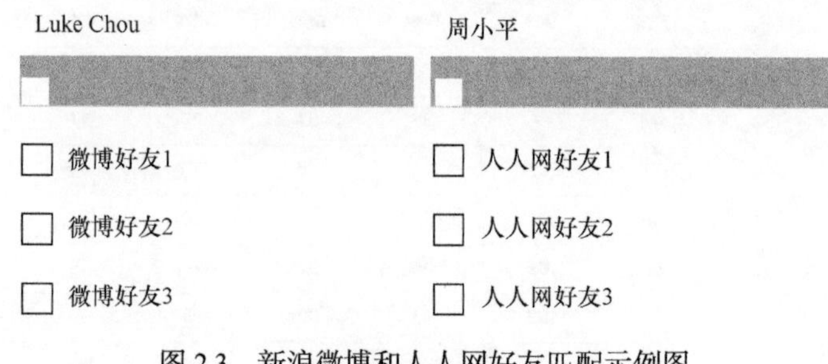

图 2.3　新浪微博和人人网好友匹配示例图

通过同时拥有人人网和新浪微博账户的 129 个自然人的调查发现：平均有 67.5%的新浪微博朋友同时也是人人网好友。

因此，对于社交网络而言，其用户和用户好友关系都具有较大的重叠性，这为基于好友关系的关联用户挖掘提供了最基本的支撑。

2.4 本章小结

本章系统定义了基于好友关系关联用户挖掘所需的基本术语，给出了基于好友关系的关联用户挖掘的数学定义，最后从用户重叠性和好友关系重叠性两个角度分析了基于好友关系关联用户挖掘的可行性。

第 3 章 关联用户挖掘总体研究框架

社交网络是当前学术和产业界的研究热点。然而，现阶段大多数的研究都集中于单一的社交网络内部。社交网络融合为社会计算等各项研究提供更充分的用户行为数据和更完整的网络结构，从而更有利于人们通过社交网络理解和挖掘人类社会，具有重要的理论价值和实践意义。准确、全面、快速的关联用户挖掘是大型社交网络融合的根本问题。社交网络中的关联用户挖掘旨在通过挖掘不同社交网络中同属于同一自然人的不同账号，从而实现社交网络的深度融合，近年来已引起人们的广泛关注。然而，社交网络的自身数据量大、用户属性相似、稀疏且存在虚假和不一致等特点给关联用户挖掘带来了极大的挑战。本章分析了面向社交网络融合的关联用户挖掘所存在的困难，从用户属性、用户关系及其综合等三个方面梳理了当前关联用户挖掘的研究现状。

3.1 引 言

社交网络由用户 U、用户关系 F 和用户内容 C 组成。相应地，关联用户挖掘可以从用户属性、用户关系和用户内容着手。通常，用户属性指用户个人资料中公开的信息，包括用户名、头像、年龄、教育背景、工作信息等。人们注册不同的社交网络以满足不同的使用需求，这也使得用户在不同的社交网络中发布不同的用户内容。因此，用户内容通常并不适用于关联用户挖掘。然而，用户内容所包含的用户行为信息，包括 UGC 发布地点、发布时间以及书写风格等，却是发现关联用户的有效方法之一。本书将用户行为信息也视为用户属性的一种。为此，关联用户挖掘主要从用户属性和用户关系着手进行。其中，大多数的关联用户挖掘研究仅考虑某一或几项用户属性，并较准确的挖掘部分关联用户，而用户关系多用于“去匿名化”研究。因此，从社交网络的组成要素出发，现有的关联用户挖掘方法可以分为三类：基于用户属性、基于用户关系和综合属性。

多个社交网络间的关联用户挖掘通常转化为两两社交网络间的关联用户挖掘。

因此，当前社交网络关联用户挖掘主要在两个社交网络中展开。本书所调研的文献也都是在两个社交网络间开展关联用户挖掘研究。

本章首先介绍关联用户挖掘的总体框架，在此基础上，从社交网络的三个要素出发，综述当前关联用户挖掘的研究现状；接着，从数据集和评价指标给出社交网络关联用户挖掘的性能评估方法；最后总结当前社交网络关联用户挖掘的研究现状。

3.2 关联用户挖掘总体框架

现有的关联用户挖掘方案的总体框架如图 3.1 所示。其包含两个方面：特征提取和识别模型。特征提取主要从用户属性、用户关系和用户内容提取用户特征，并作为识别模型的输入。依据机器学习的分类方法，识别模型可分为有监督、半监督和无监督三类。这三类识别模型分别采用有监督、半监督和无监督的学习方法进行特征提取和判别模型训练，而后根据训练结果预测判断两个不同社交网络中的用户是否为关联用户。

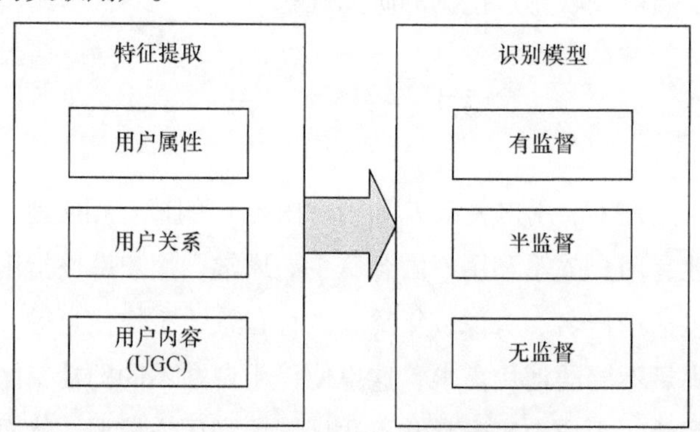

图 3.1　关联用户挖掘总体框架图

3.2.1 关联用户特征提取

如前所属，关联用户特征提取主要从用户属性、用户关系和用户内容着手。本部分将论述现有关联用户挖掘的特征提取方法。

1. 用户属性特征

用户属性特征是指一组描述用户基本属性的个人资料信息。用户属性特征通

常由一个 x 维向量表示，其中每个维度表示一项资料信息。不同的社交网络所包含的用户个人资料信息不同，其用户属性特征也不同，所形成的特征向量也不一定相同。通常，用户属性特征主要包括以下几点。

(1) 用户名。通常用户名是用户在社交网络的唯一标识，也即用户名在一个社交网络中是唯一的。

(2) 真实姓名。社交网络的个人信息中通常会提供用户填写用户真实姓名的字段信息。

(3) 头像。用户在社交网络中上传的以表征其形象特征的图像。

(4) 所在城市(位置)。用户的工作所在地、居住所在地等位置信息。

(5) 教育背景。用户的教育背景信息包括：中小学学校、本科学校、硕士学校和博士学校等信息。

(6) 用户签名。通常为一句简短的描述用户当前状态的文本信息。

其他用户属性特征还包括用户职业、年龄、标签等。在给定用户属性特征的基础上，现有的方法通过计算不同维度属性特征的相似度来判断两个用户是否为关联用户。

2. 用户关系特征

社交网络中的用户关系建模形成社交网络的网络结构，其通常指社交网络中用户和用户之间因交互而建立起的联系链路。例如，在微博中，一个用户关注另一个用户将建立关注关系；一个用户私信另一个用户，将建立私信关系；一个用户@另一个用户，将建立@关系。在具体应用场景中，将根据不同的应用需求，建立不同的社交网络用户关系模型。通常，用户关系特征可以分为局部特征和全局特征。其中，局部特征是指从用户的直接邻居中提取的用户关系特征；全局特征是指从用户为中心的一个较大子网络或者完整用户关系网络中提取的用户关系特征，不仅包括其直接邻居，还可能需要计算其邻居的邻居甚至更远的邻居特征。

在给定用户关系的基础上，通常可以采用基于邻居的相似度模型和网络嵌入模型等方法计算候选关联用户的相似度，进而判定关联用户。

3. 用户内容特征

用户内容特征主要指用户在社交网络上的行为及行为所产生的文本和多媒体内容信息，包括：发帖、转发、评论的内容以及这些行为发生的时间、地点等。因此，用户内容特征可以分为时间特征、空间特征和内容特征。其中，时间特征主要用于描述用户行为的时间信息。用户行为的时间点一般有社交网络自动记录。

空间特征主要用于描述用户行为的位置信息。在用户允许的情况下，有些社交网络将自动记录用户行为的经纬度位置信息，有些情况下空间特征还可以从用户文本或者照片中内置的信息中提取。内容特征用于描述用户所发布多媒体内容的信息特征。

通常，将综合使用用户内容的时间特征、空间特征和内容特征以建立更健壮的关联用户挖掘方法。

虽然通过用户属性特征、用户关系特征和用户内容特征都可以建立关联用户挖掘模型。然而，在具体应用中，这些特征有不同的特性。通常，用户属性特征是具有不同的使用特性，具有以下特点。

(1) 用户属性特征较易于获取，然而，同一用户在不同社交网络的用户属性具有不一致性、稀疏性和虚假性等特点，且用户属性易于受恶意用户伪造。

(2) 在关联用户挖掘上，用户关系，尤其是单向关注关系，将可能为关联用户挖掘引入“噪音”。因此，好友关系将更适用于社交网络关联用户挖掘。

(3) 用户内容中的空间信息通常较为稀疏，用户内容通常为短文本，这些特征都为关联用户挖掘带来挑战。

3.2.2 关联用户识别模型

从关联用户识别的定义上不难看出，关联用户识别本质上是个二分类问题。在给定第 3.2.1 节所定义的用户特征的基础上，可建立有监督、半监督和无监督模型来识别关联用户。

1. 有监督关联用户识别模型

一个经典的二分类问题通常会包括正例样本(先验关联用户 $\mathcal{P}$)和负例样本(先验非关联用户 $\mathcal{N}$)。在此基础上，将 $\mathcal{P}$ 和 $\mathcal{N}$ 分为训练集 $(\mathcal{P}',\mathcal{N}')$ 和测试集。有监督关联用户识别模型旨在通过训练集$(\mathcal{P}', \mathcal{N}')$学习函数 f，进而通过 f 判断测试集。现有的有监督关联用户识别模型大致可以分为 4 类：综合模型、概率模型、推进模型和映射模型。

(1) 综合模型。综合模型以线性关系融合用户属性特征相似度 s_p、用户关系特征相似度 s_f 和用户内容特征相似度 s_c，建立一种混杂的关联用户识别模型[26-28]，具体如下：

$$f(U_i^A,U_j^B)=\alpha\cdot s_p(U_i^A,U_j^B)+\beta\cdot s_f(U_i^A,U_j^B)+\gamma\cdot s_c(U_i^A,U_j^B)。\tag{3-1}$$

其中，α、β 和 γ 分别为 s_p、s_f 和 s_c 的权重。

(2) 概率模型。给定一对用户 U_i^A 和 U_i^B，概率模型首先从 U_i^A 和 U_i^B 中提取特征向量 $f(U_i^A, U_j^B)$，而后通过训练集 $(\mathcal{P}', \mathcal{N}')$ 建立概率模型 M，形成关联用户识别模型为

$$f(U_i^A, U_j^B) = \arg\max \Pr(U_i^A = U_j^B \mid f(U_i^A, U_j^B), (\mathcal{P}', \mathcal{N}'), M) 。 \tag{3-2}$$

也即，在给定训练集 $(\mathcal{P}', \mathcal{N}')$、概率模型 M 和待匹配关联用户 (U_i^A, U_j^B) 特征向量的情况下，判断 U_i^A 和 U_j^B 是否为关联用户。通常，概率模型会采用贝叶斯理论建模[29-31]。

(3) 推进模型。推进模型通过综合多种不同的弱假设学习形成一个强假设，建立关联用户识别模型，其定义如下：

$$f(U_i^A, U_j^B) = \operatorname{sign}\left(\sum_{i=1}^{T} \alpha_i h_i(U_i^A, U_j^B)\right) \tag{3-3}$$

其中，h_i 为弱分类器，α_i 为 h_i 的权重，T 为弱分类器的数量[32]。不难看出，推进模型通过累加不同的弱分类器结果判断关联用户。不同的弱分类器，其权重可根据实际场景进行调整。

(4) 映射模型。映射模型将原有的用户特征映射到潜在特征空间，而后，从特征空间学习并建立关联用户识别模型[33, 34]。其正式定义为

$$f(U_i^A, U_j^B) = 1, \text{ s.t. } \arg\min s(f_i^A, f_j^B) \tag{3-4}$$

其中，f_i^A 和 f_i^B 分别为用户 U_i^A 和 U_i^B 在潜在空间中的特征向量。

除了上述四种模型外，许多传统的有监督模型也可用于关联用户识别，例如，朴素贝叶斯、决策树、逻辑回归、KNN 和支持向量机等[35-39]。

2. 半监督关联用户识别模型

半监督关联用户识别模型旨在给定一定数量先验关联用户 $\mathcal{P}$ 的情况下，通过网络结构等特征学习并识别更多关联用户的一种模型。现有的半监督关联用户识别模型可分为传播模型和嵌入模型两类。

(1) 传播模型。传播模型通常为迭代过程，其通常根据先验关联用户 $\mathcal{P}$ 计算候选关联用户的相似度，并识别新的关联用户；而后，将新识别出的关联用户加入先验关联用户作为下一次迭代的输入数据。传播模型通常有两种形式：穷举传播，即比较所有的候选关联用户的相似度，而后决定哪些是关联用户[22, 40-42]；局部传播，即只比较跟先验关联用户相关的候选关联用户，而后决定哪些是关联用

户[39, 43]。

(2) 嵌入模型。嵌入模型根据先验关联用户 $\mathcal{P}$ 的知识，将两个网络中的待识别用户特征映射到统一的嵌入空间中；而后，通过嵌入空间中的特征向量识别关联用户[44, 45]。

3. 无监督关联用户识别模型

在实际应用中，经常需要较大的成本去获取有监督学习和半监督学习所需的先验关联用户，为此，少数研究开始探索无监督关联用户识别方法。现有的无监督关联用户挖掘模型可分为两类：对齐模型和渐进模型。

(1) 对齐模型。对齐模型一般包含如下步骤：①通过用户属性特征、用户好友关系特征和 UGC 特征计算所有候选关联用户的相似度；②建立两个社交网络的完全二分图模型，二分图的节点为两个社交网络的节点，二分图的边权重为候选关联用户的相似度值；③采用最优二分图匹配建立两个社交网络的一对一匹配。例如，文献[46]采用 UGC 特征建立相似度，而后采用最大匹配算法挖掘关联用户；文献[47]采用用户属性特征和用户关系特征建立相似度模型，而后进行关联用户挖掘。

(2) 渐进模型。渐进模型分两步识别关联用户。首先，通过某种强特征识别部分关联用户；然后，在此基础上，将所有特征融合采用半监督方法识别剩下关联用户。例如，文献[48]采用 *n*-gram 概率模型自动识别部分关联用户，而后采用支持向量机识别剩余关联用户。

虽然现阶段关联用户挖掘已广泛采用了有监督、半监督和无监督等学习的理论和方法，但是仍有一些问题需要解决，如可扩展性问题和多平台关联用户识别问题等。

(1) 可扩展性。可扩展性问题是指现有的关联用户识别模型与方法是否可应用于大型社交网络或者是否支持分布式计算框架。不难看出，在穷举传播类关联用户识别中，关联用户挖掘的时间复杂度至少为 $O(|U^A||U^B|)$。为了降低其计算复杂度，可采用诸如屏蔽函数[49]等技术手段对数据进行预处理。此外，局部传播式的关联用户挖掘也能一定程度上降低计算复杂度。

(2) 多平台识别。现有的关联用户挖掘多在两个社交网络之间。虽然多平台识别可以通过社交网络之间的两两识别完成，然而，其所识别出的关联用户可能存在不一致性问题。

3.3　关联用户挖掘研究综述

从社交网络的组成要素出发，现有的关联用户挖掘方法可以分为基于用户属性、基于用户关系及综合属性和关系的关联用户挖掘方法三类(图 3.2)。

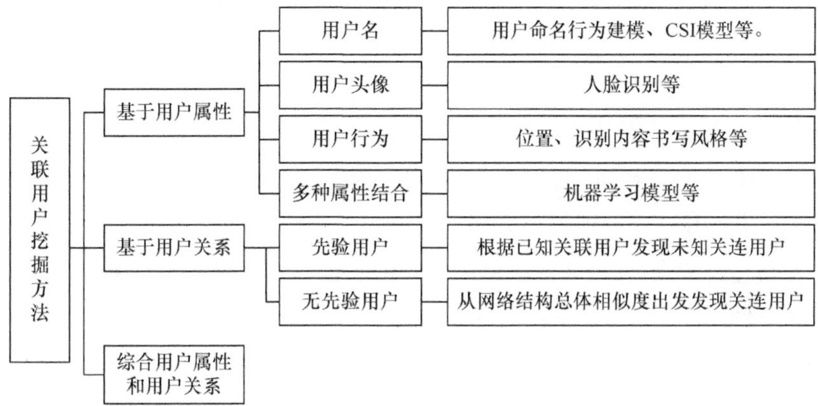

图 3.2　关联用户挖掘方法示意图

3.3.1　基于用户属性的关联用户挖掘

基于用户属性的关联用户挖掘是目前研究最广的社交网络融合方法。此类方法认为：如果两个用户属性相同或相似，则这两个用户为关联用户。当前，研究人员从用户名、用户头像、其他用户属性、UGC 等各方面开展了广泛的研究，表 3.1 对该类方法的已知信息 $\mathcal{P}$ 进行了统计分析。

表 3.1　基于用户属性的关联用户挖掘方法所使用的已知信息 $\mathcal{P}$

类别	方法	$\mathcal{P}$
基于用户名的关联用户挖掘方法	文献[50]	海量用户名
	文献[35]	用户名，部分已知关联用户
	文献[48]	用户名，用户购买记录
基于头像的关联用户挖掘方法	文献[51]	用户头像
综合用户属性的关联用户挖掘方法	文献[26]	用户标签
	文献[32]、[52]、[53]	所有用户文本属性(用户名、教育背景、年龄等)
	文献[54]	5 个内部特征(用户名、使用语言、URL、描述、好友数)和 2 个外部特征(位置、头像)

续表

类别	方法	$\mathcal{P}$
基于 UGC 的关联用户挖掘方法	文献[36]、[55]	UGC 的空间位置、时间戳和文本
	文献[56]、[57]	UGC 文本
	文献[58]	UGC 的空间位置和时间戳

1. 基于用户名的关联用户挖掘方法

用户名是目前关联用户挖掘建模使用最多的方法。Perito 等通过实证分析了 Google、eBay、LDAP 和 MySpace 的用户名数据，探索了用户名在不同社交网络的唯一性，并验证了其应用于关联用户挖掘的可行性[29]。Zafarani 等[60]对 12 个社交网络中的上千个用户名进行了相似的实证验证。在此基础上，研究人员采用无监督[48]和有监督分类[35]两种方法进行关联用户识别。

Liu 等[48]认为不同社交网络中的稀有且相似的用户名极有可能是关联用户，例如，SN^A 和 SN^B 中用户名同是 pennystar88 的用户极有可能是关联用户，而同是 tank 的用户极有可能属于不同自然人。为此，他们根据用户名采用别名区分(alias-disambiguation)构建了基于无监督分类的关联用户发现方法。他们首先对用户名进行分词，例如，将 pennystar88 分解为 penny，star，88 或者 pen，ny，star，88；而后，采用 n-gram 概率[50]计算所分解的词组的稀有性。若用户名 username 可分解为词语 w_1，w_2，…，w_m，则 username 出现的概率为

$$p(\text{username}) = p(w_1, w_2, \cdots, w_m) = \prod_{i=1}^{m} p(w_i \mid w_{i-n-1}, \cdots, w_{i-1}) \tag{3-5}$$

显然，$p(\text{username})$越小，username 越稀有，越有可能用于关联用户挖掘。给定海量用户名，则有

$$p(w_i \mid w_{i-n-1}, \cdots, w_{i-1}) = \frac{C(w_{i-n-1}, \cdots, w_i)}{C(w_{i-n-1}, \cdots, w_{i-1})} \tag{3-6}$$

其中，$C(w_{i-n-1}, \cdots, w_i)$为所有用户名分解后，词 $w_{i-n-1}, \cdots, w_i$ 出现的频率。最后，根据稀有用户名的相似度来获取不同社交网络的关联用户。显然，该方法无需先验关联用户即可完成关联用户挖掘。由于 $p(\text{username})$的衡量是该方法准确性的关键，为保证 $p(\text{username})$的客观性和有效性，该方法需要较大数据集作为数据支撑。

Zafarani 等[35]认为用户名背后隐藏着用户名命名的行为特征，为此，他们从人类群体局限、个体外在因素和个体内在因素三个方面建立用户名命名行为特征模型(图 3.3)。

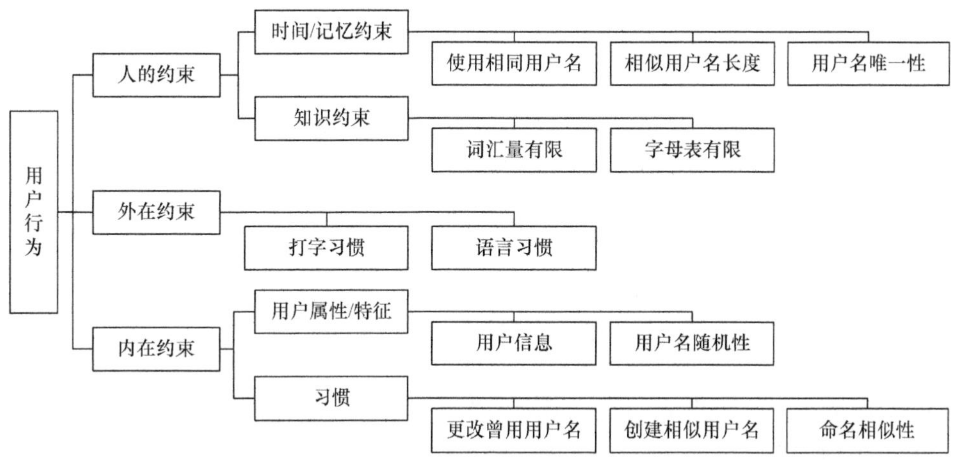

图 3.3　社交网络用户命名行为规则

人类群体局限是指受时间、记忆和知识的影响，同一自然人在用户名命名时，其长度相近，内容相近且都限制于已知词汇量和字母表的范围。个体外在因素是指用户名命名受键盘和语言习惯等的影响，如某些用户的用户名可能是有序的 qwer1234。个体内在因素是指用户名命名受用户属性和用户习惯等的影响，如用户的出生日期等。在此基础上，他们采用 SVM 等方法对已知关联用户进行特征学习，进而识别未知关联用户。区别于 Liu 等的方法[48]，该方法需要已知先验关联用户作为支撑。

其他相似的研究还包括：Lu 等通过用户名和购买记录，构建了 CSI(custom-social identification)模型，帮助企业获取客户在社交网络上的信息[60]。虽然用户名内潜藏着有机可循的关联用户挖掘方法，然而在社交网络中，大量用户名相似的用户(图 1.2)使得此类方法健壮性较差。

2. 基于用户头像的关联用户挖掘方法

用户头像也是社交网络中较为重要的用户属性之一。虽然只有 66%左右的用户会上传用户头像[16]，然而，用户的真实头像是区分关联用户和非关联用户的重要依据之一。Acquisti 等采用人脸识别算法计算用户头像的相似度来实现社交网络融合[51]。然而，在大型社交网络中，存在着大量使用非自身照片的用户。如图

1.2 所示，7 名新浪微博用户中，有 5 名为非自身人脸头像(含 1 名小孩头像)。因此，该类方法的召回率较低。

3. 综合用户属性的关联用户挖掘方法

为构建更为健壮的关联用户挖掘模型，研究人员综合使用多项用户文本属性以挖掘更准确、更全面的结果。Iofciu 等根据用户属性中的标签建立标签向量，而后通过计算标签向量之间的相似度来挖掘关联用户[26]。Motoyama 等对用户文本属性(教育背景，职业等)进行分词，而后采用“词袋”模型(bags of words)计算用户相似度完成关联用户挖掘[32]，即用户的相似度为

$$s(U_i^A,U_j^B)=\frac{|W_i^A\cap W_j^B|}{|W_i^A\cup W_j^B|} \tag{3-7}$$

其中，$|\cdot|$表示集合的数量，W_i^A 为用户 U_i^A 属性进行分词后词袋中的词集合。叶娜等针对识别社交网络用户时存在的模式不一致问题，将所有文本属性融合为一个字符串计算相似度，进而基于分块和二部图进行用户识别[52]。此类方法都是在假定“所有用户属性对关联用户挖掘具有一样的效用”的基础上挖掘关联用户。用户属性之间是异质的。虽然该类方法解决了异质属性的融合问题，然而不同用户属性对关联用户挖掘具有不一致的效用，如虚假性强的属性，其将噪音引入关联用户挖掘模型，并可能对挖掘效果起反作用。

为解决不同用户属性对关联用户挖掘效用不一致问题，研究人员引入了机器学习。Zhang 等认为单纯使用用户名进行关联用户挖掘建模不可靠，提出了针对用户属性的关联框架 OPL(online profile linkage)。OPL 分别计算了用户的 5 个内部特征(用户名、使用语言、URL、描述、好友数)和 2 个外部特征(位置、头像)的相似度，而后采用朴素贝叶斯进行用户区分[53]。Cortis 等采用 NCO(nepomuk contact ontology)[61]构建用户属性本体，建立关联用户挖掘方法[54]。对于任一用户 U_i^A，其属性可以描述为

$$P_{Ai}=\{P_{Ai}^1,P_{Ai}^2,\cdots,P_{mAi}\} \tag{3-8}$$

其中，P_{jAi} 为用户 U_i^A 的第 j 个属性值，m 为属性总数，而后有

$$s(U_i^A,U_j^B)=\frac{\sum_{n=1}^{m}\left(\frac{\text{sim}(P_{Ai}^n,P_{Bj}^n)+\text{type}_w(P^n)}{1+\text{type}_w(P^n)}\right)}{m} \tag{3-9}$$

其中， $\text{sim}(P_{nAi},P_{nBj})$ 和 $\text{type}_w(P^n)$ 分别为第 n 个属性的相似度和权重。

虽然这些方法在实验数据集下都取得了更好的结果,但是在大型社交网络中,用户属性的相似性、虚假性使得该类方法较为脆弱,恶意用户极易伪造虚假用户,从而影响模型的健壮性。

4. 基于 UGC 的关联用户挖掘方法

为解决基于用户资料属性挖掘关联用户易受攻击的问题，少数研究引入了用户行为属性。Kong 等综合 UGC 的空间位置、时间戳和文本的相似度，采用 SVM 构建了多网络锚点(multi-network anchoring, MNA)的关联用户挖掘方法[55]。在空间位置上，MNA 采用共同位置、cos 相似度和平均距离等三个方面计算两个用户的相似度；在时间上，MNA 采用相同发 UGC 时间、cos 相似度计算两个用户的相似度；在文本内容上，MNA 对内容进行分词，建立词袋模型，而后采用向量内积和 cos 相似度计算用户的文本相似度。最后，MNA 采用 SVM 等分类算法进行关联用户挖掘。Zheng 等提出了一种基于对内容书写风格识别的关联用户挖掘方法[56]。Almishari 也验证了采用书写风格挖掘关联用户的可行性[57]。由于书写风格识别技术在短文本中的适用性还较差，Goga 等综合 UGC 空间位置、发布时间和用户书写风格，使用分类器挖掘关联用户[57]。Nie 等在 240 人的数据集上验证了使用用户习惯挖掘关联用户的可行性[36]。毋庸置疑，用户行为是提升关联用户挖掘模型的有力方法，例如，空间位置虽然能较为精确地挖掘关联用户，然而社交网络中空间位置信息极为稀疏，且大多数用户不愿意公开其空间位置信息。这些都使得现阶段该类方法在大型社交网络中的召回率较低。

3.3.2　基于用户关系的关联用户挖掘

用户关系是社交网络中稠密、可靠且可获取的用户属性。目前，使用用户关系融合社交网络的研究还较少。大多数研究旨在解决社交网络隐私保护中的“去匿名化”问题。“去匿名化”主要针对节点去匿名化，它通过识别节点以获取该节点的真实数据信息。“去匿名化”通过识别匿名信息网络和真实信息网络中的相同节点，获取节点真实数据信息。因此，一定程度上说，“去匿名化”问题和关联用户挖掘问题具有一定的相似性，二者也有本质的不同。在“去匿名化”问题研究中，通常所涉及的两个网络在某个子网上具有高度的重叠性。而在关联用户挖掘研究中，所涉及的两个网络重叠度大致在 60%[13, 25]。因此，“去匿名化”

的方法通常并不适用于关联用户挖掘。

此外，从图的角度上看，社交网络融合可以归结为图的同构问题[44]。理论上，图同构问题的求解所需时间为

$$\sum_{i=1}^{\min(n_1,n_2)} \frac{n_1!n_2!}{n!(n_1-i)!n!(n_2-i)!} \tag{3-10}$$

其中，n_1 和 n_2 分别为两个图的节点数，$n!$ 为 n 的阶乘。显然，图的同构问题是一个 NP 问题[63]。面对百万级以上的网络节点，图的同构求解方法根本无法应用于社交网络的关联用户挖掘。

当前，根据所形成的算法是否需要事先给定一定量已知关联节点，可将该类研究方法分为基于先验节点的关联用户挖掘方法和无先验节点的关联用户挖掘方法两类。表 3.2 分析了当前基于用户关系的关联用户挖掘算法的时间复杂度。

表 3.2　基于用户关系的关联用户挖掘算法的时间复杂度分析

类别	方法	算法复杂度
基于先验节点的关联用户挖掘方法	文献[22]、[64]	$O(en^2)$
	文献[13]、[40]	$O(n^3)$
无先验节点的关联用户挖掘方法	文献[65]	$O(n^4)$
	文献[66]、[67]	$O(n^5)$

注：e, n 分别表示两个待融合社交网络中的最大用户关系总数和最大用户总数。

1. 基于先验节点的关联用户挖掘方法

根据已知关联用户(也称种子用户，种子节点，先验用户等)定义未关联用户间的相似度，相似度较高的用户被视为关联用户，并通过迭代方法关联越来越多的用户(图 3.4)。

国内外学者已将 Tonimoto 系数[25]、Jaccard 系数[68]、好友共献[40]等用于“去匿名化”建模。徐钦根据网络结构以及先验关联用户信息计算节点相似度矩阵，再由遗传算法求得网络间相似度之和最大的节点匹配方案[69]。Narayanan 等针对“去匿名化”问题，建立了 NS 算法[22]。NS 算法是“去匿名化”问题中较具有影响力的算法，并赢得了 IJCNN 2011 社交网络挑战赛的冠军[64]。NS 算法综合考虑节点的出、入度构建相似度计算公式：

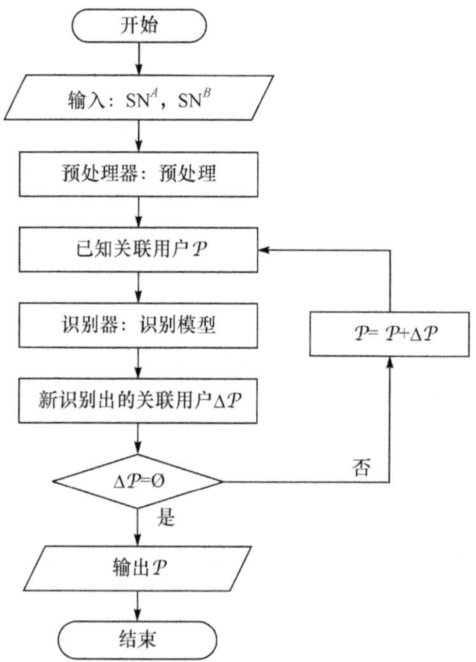

图 3.4　基于用户关系的半监督关联用户挖掘流程图

$$s(U_i^A,U_j^B)=\frac{c_{\text{in}}(U_i^A,U_j^B)}{\sqrt{d_{\text{in-B}j}}}+\frac{c_{\text{out}}(U_i^A,U_j^B)}{\sqrt{d_{\text{out-B}j}}} \tag{3-11}$$

其中，$c_{\text{in}}(U_i^A,U_j^B)$ 是 U_i^A 和 U_j^B 同时连入已知关联用户的数量，$c_{\text{out}}(U_i^A,U_j^B)$ 是同时连入 U_i^A 和 U_j^B 的已知关联用户的数量，$d_{\text{in-B}j}$ 和 $d_{\text{out-B}j}$ 分别是 U_j^B 的出、入度。在每一次迭代中，NS 只寻找满足如下条件的 U_j^B：

$$\frac{\max(U_i^A)-\max_2(U_i^A)}{\sigma(U_i^{\text{A}})}\geqslant\rho \tag{3-12}$$

其中，$\max(U_i^A)$ 和 $\max_2(U_i^A)$ 分别为 $\{s(U_i^A,\cdot)\}$ 的最大值和次大值，ρ 为给定的阈值参数。由于在该公式中，NS 只考虑了 U_j^B 的出、入度，为提高算法的准确率，NS 采用反向传播相似度验证以修正因种子用户不足造成的错误关联。经真实社交网络数据实验验证，NS 算法大约能挖掘 30%左右的关联用户[22]。为减少种子用户对算法效果的影响，Nilizadeh 等在 Narayanan 等的基础上，对种子节点进行社区划分并得到了更为准确的结果[70]。

虽然 NS 算法[22]及其衍生算法[70]在“去匿名化”领域取得了较好的效果，并适用于重叠度较大情况下的社交网络关联用户挖掘。然而，在社交网络关联用户挖掘任务中还存在一定的不足，主要体现在：①微博类社交网络关注行为的无限制性使得关注关系稳定性较弱，因此，NS 算法采用有向图构建社交网络模型，分别考量节点的出、入度，这有可能为关联用户挖掘带来较大的噪声；②区别于“去匿名化”，社交网络关联用户挖掘的对象往往是稀疏重叠的网络，因此，NS 算法中对度的引入有可能降低关联用户挖掘的召回率和准确率等。第 4 章中的实验部分也验证了 NS 算法在关联用户挖掘任务中的效果较差。

NS 等都是一对一匹配，即假定一个自然人在一个社交网络中只存在一个账户。对于一个用户的多个账户，NS 等算法视之为不同用户。在多对多的匹配中往往认为相似度大于某个设定阈值的用户对即为关联用户[40]。

基于先验节点的关联用户挖掘算法，根据已知关联用户建立未关联用户之间的相似度模型。该类方法的挖掘质量和数量一定程度上依赖于种子用户的数量和质量。现阶段，由于社交网络平台和平台用户对隐私保护的日益重视，社交网络中种子用户的获取将变得越来越困难。

2. 无先验节点的关联用户挖掘方法

在无先验的情况下，关联用户挖掘旨在找出一种最优节点匹配方法，使得两个网络中边的重叠度最高。假定两个网络的邻接矩阵分别为 A 和 B，则该类方法旨在求解下述问题：

$$\arg\min_{P}\left\|A-PBP^{\mathrm{T}}\right\| \tag{3-13}$$

其中，P 为排列矩阵，P^{T} 是 P 的转置矩阵[71]。虽然，图同构的一些研究成果可用于该问题的求解。然而图同构是 NP 问题[72]，且往往适用于两个基本相同的网络。社交网络关联用户挖掘所研究的对象通常是两个有一定重叠度的网络，例如，QQ 和通讯录的重叠度在 60%左右，新浪微博和人人网的重叠度在 67.5%左右。因此，图同构方法在社交网络的关联效果较差。

当前，无先验节点的关联用户挖掘方法大多将问题转化为优化问题进行求解，即以总体相似度最大为目标，建立关联用户挖掘模型及其求解方法，挖掘两个图模型中所有节点最可能的关联情况。

在单一社交网络中，通常认为一个节点重要是因为其邻居节点重要引起的。若 A 为社交网络的邻接矩阵，则在好友型社交网络模型中，A 为对称矩阵。设 A' 为 A 的标准化矩阵，即 $A'_{ij}=A_{ij}/\sum_{k=1}^{|A|}A_{kj}$，其中 $|A|$ 为社交网络中的用户数。在此基础上，

人们使用 $x = A'x$，通过不断迭代来挖掘重要节点(pagerank 算法)。相似地，在基于网络的关联用户挖掘中，通常认为其邻居都为关联用户的一对用户也为关联用户。因此，对于任意一对用户 (U_i^A, U_j^B)，其相似度可以看作是其邻居相似度的综合。为此，Signh 等提出了 GNA(global network alignment)算法[65]。若 S 为两个社交网络的用户相似度矩阵，$S_{ij} = s(U_i^A, U_j^B)$ 表示用户 U_i^A 和 U_j^B 的相似度，则有

$$S_{ij} = \sum_{a \in N_i^A, b \in N_j^B} \frac{1}{|N_a||N_b|} s(a,b) \tag{3-14}$$

其中，N_i^A 为 U_i^A 的邻居节点。通过不断迭代，直至相似度矩阵 S 收敛。此时，S 中值大于设定阈值的项所对应的用户对即为所待挖掘的关联用户。针对一对用户 (U_i^A, U_j^B)，其邻居 N_i^A 和 N_i^B 可形成一个完全二分图。由于关联用户未知，该算法根据完全匹配实现相似度的迭代。该方法在两个基本一致的图中效果较好，并被应用于蛋白质交互网络的检索[65]等。

针对在线加密社交网络数据的还原，Fu 等也建立了类似的关联节点识别方法 NM(neighbor matching) [66]。NM 算法认为同一用户在不同社交网络具有相似的好友关系挖掘关联用户，并通过迭代的方法进行计算。也即，两个图中的节点相似度是由邻居节点相似度决定的，而邻居节点的相似度是由一对一最优匹配衡量。NM 算法的基本流程如下。

(1) 初始化两个图中节点之间的相似度，通常可都为 1。

(2) 假设 m 和 n 分别是两个图中的两个节点，则第 $k+1$ 轮迭代中节点的相似度 $s(m, n)$可以递归为

$$s^{k+1}(m,n) = \sum_{l \in N(m)} s^k(l, \theta(l)) \tag{3-15}$$

其中，$N(m)$表示节点 m 的邻居节点，θ 是节点 m 和 n 的邻居之间的一一映射。

(3) 根据二分图最优匹配法找出两个图中一一对应的节点，挖掘关联用户。

NM 算法和 GNA 算法具有一定的相似性。两者都旨在通过邻居节点迭代计算两个不同网络节点的相似度，然而，在相似度迭代上，NM 算法采用二分图的一对一最优匹配算法，而 GNA 算法采用二分图全匹配权值加和。显然，NM 算法具有较高的匹配挖掘效果，但具有更高的时间复杂度(如表 3-2 所示)。NM 算法是当前该类方法中效果最好的关联用户挖掘方法，并获得了 WSDM2013“去匿名化”挑战赛的冠军[67]。

此外，Pedarsani 等在无种子节点的情况下采用贝叶斯方法进行关联用户挖掘，在两个较为相近的网络中取得了较好的结果[73]。为挖掘更准确地关联用户，Zhang 等[74]通过充分考虑局部相似性和全局相似性构建了异质社交网络关联用户挖掘模型 COSNET。受种子用户获取困难的影响，目前无先验节点的关联用户挖掘方法已经引起了较为广泛的关注。然而，现阶段该类方法主要应用于社交网络的“去匿名化”研究中。“去匿名化”研究多应用于两个网络结构相近甚至相同的社交网络，且其对节点度较高的节点识别准确率较高。而在社交网络中，用户及用户关系的重叠度都较低，也就是说社交网络在网络结构上的差异较大。因此，“去匿名化”的理论和方法直接应用于关联用户挖掘的可行性较差。社交网络是无尺度网络，其内存在着大量度较低的节点也较难通过用户关系进行挖掘。

针对无监督关联用户挖掘所存在的问题，本书提出了一种通过学习好友特征向量进行关联用户识别的方法，具体详见第 5 章。

3.3.3　综合用户属性和用户关系的关联用户挖掘

用户关系是社交网络中较为稳定的要素。在用户属性中融入用户关系，构建关联用户挖掘模型，可以避免模型受恶意用户的攻击，提升模型的准确率。在用户关系中融入用户属性，可以更准确地识别度数较低的用户，提升关联用户挖掘模型的准确率和召回率。因此，通过融合用户属性和用户关系，一方面将有利于构建不易受攻击的关联用户挖掘模型；另一方面有利于提升模型的准确率和召回率。现阶段，少数研究尝试将用户关系同用户属性相结合。

Jain 等在 Facebook 和 Twitter 间挖掘关联用户。他们首先通过种子用户，判断其好友中是否有用户名一致的用户，该方法并未从本质上融合用户属性和用户关系，且实验效果也证实其所构建的模型中用户关系对关联用户的挖掘结果作用不大[23,24]。

Yu 通过在单一社交网络内部计算节点之间的相似度，将社交网络构建为加权图，从而将关联用户挖掘转化为加权图的匹配问题，最终将 1000 个用户的 DBLP 数据集抽样为两个社交网络进行实验验证[75]。用户因不同的需要使用不同的社交网络，同一用户在不同社交网络中的 UGC 存在着较大的差异性。因此，Yu 的方法具有一定的局限性。

为挖掘大规模社交网络中的关联用户，Liu 等[41,76]构建了统一的挖掘框架 HYDRA。HYDRA 通过动态信息匹配和行为分布分析构建混杂属性信息模型，通过网络结构相似性和一致性构建结构一致性模型，最终将问题转换为多目标优化问题进行解决。在混杂属性信息建模上，HYDRA 分别考虑了用户属性、UGC 和用户行为等信息的相似度，形成 d 维的属性相似度矩阵 S_D。若给定已知关联用户集合 $F=\{(x(U_i^A,U_i^B),y(U_i^A,U_i^B))\}$，其中，$x(U_i^A,U_i^B)$ 为 (U_i^A,U_i^B) 的相似度向量，$y(U_i^A,U_i^B)\in\{-1,1\}$ 表征 (U_i^A,U_i^B) 是否为关联用户。在此基础上，HYDRA 在属性上形成决策模型为

$$f(x)=w^{\mathrm{T}}x+b \tag{3-16}$$

其中，w 和 b 为模型参数，可通过下述最优化模型获得：

$$\begin{aligned}&\min_{w} F_D(w)=\frac{\gamma_L}{2}\|w\|^2+\sum_{i,j}\xi(U_i^A,U_j^B)\\&\text{s.t.}\ \ y(U_i^A,U_j^B)(w^{\mathrm{T}}x(U_i^A,U_j^B)+b)\geqslant 1-\xi(U_i^A,U_j^B)\end{aligned} \tag{3-17}$$

其中，ξ 为误差参数。在用户关系上，HYDRA 认为：现实世界的好友之间在社交网络上会有频繁的交互和相似的用户兴趣。为此，从社交网络结构一致性上，HYDRA 建立模型决策模型 $y(U_i^A,U_i^B)=w^{\mathrm{T}}x(U_i^A,U_i^B)$，该模型可通过下述最优化进行求解：

$$\begin{aligned}&\min_{w} F_S(w)=w^{\mathrm{T}}X^{\mathrm{T}}(D-M)Xw\\&\text{s.t.}\ \ \|w\|^2\leqslant s,\ \ D(a,a)=\sum_{b}M(a,b)\end{aligned} \tag{3-18}$$

其中，s 为预定义正整数值，a 和 b 为待匹配用户对。若 $a=(U_i^A,U_i^B)$，$b=(U_m^A,U_n^B)$，则有

$$\begin{aligned}M(a,b)=&\exp\left(\frac{-\left(\left\|x_i^A-x_j^B\right\|^2+\left\|x_m^A-x_n^B\right\|^2\right)}{2\sigma_1^2}\right)\\&\times\left(1-\frac{\left(d(U_i^A,U_m^A)-d(U_j^B,U_n^B)\right)^2}{\sigma_2^2}\right)\end{aligned} \tag{3-19}$$

其中，σ_1 和 σ_2 分别为用户交互行为和用户结构的权重调节参数。$d(U_i^A,U_m^A)$ 为用户 U_i^A 和 U_m^A 之间的最短路径距离。由于 HYDRA 需要对式(3-17)和式(3-18)进行最优化求解，为此，转化为多目标优化进行求解，也即

$$\min_{w} F(w) = [F_D(w), F_S(w)]$$
$$\text{s.t.} \quad y(U_i^A, U_i^B)(w^{\mathrm{T}} x(U_i^A, U_i^B) + b \geqslant 1 - \xi(U_i^A, U_i^B), \ \|w\|^2 \leqslant s \tag{3-20}$$

由于 HYDRA 充分利用了社交网络的所有可用资源,取得了较好的实验效果。然而，HYDRA 是一个半监督学习方法，需要一定的先验用户，因此，具有一定的局限性。

用户属性和用户关系是社交网络的不同要素。用户在属性上的相似性易于用相似度表达。用户关系是一种网络结构，现有的理论和方法较难给出一种适用于关联用户挖掘的网络结构相似度计算模型，也即，现有的理论和方法无法将用户属性和用户关系统一于不同维度上的相似度融合。因此，在关联用户挖掘中，用户属性和用户关系的融合存在着不一致性。综合用户属性和用户关系的关联用户挖掘建模研究还处于初步探索阶段。

3.4 关联用户识别性能评估

由于数据源和应用领域不同，当前并没有一种能够适用于不同领域的关联用户挖掘模型。本部分将从数据集和评价指标两部分说明关联用户识别在具体应用中的性能评估方法。

3.4.1 数据集

当前许多社交网络都可通过其所提供应用程序接口(application program interface, API)进行获取，因此，单个社交网络的数据较为常见，但针对社交网络关联用户挖掘的真实数据集却较少。这主要由于现有的技术手段很难获取不同社交网络的关联用户，且不同的关联用户识别模型所使用的特征不同，因此很难有全特征的社交网络数据集。通常，关联用户挖掘所使用的数据集可分为人工网络数据集和真实网络数据集。

1. 人工网络数据集

人工网络数据集通常采用现有网络模型生成原始网络，而后对原始网络进行抽样形成一对可用于关联用户识别实验的人工网络。常用的网络生成模型包括：Erdős – Rényi(ER)随机网络[77]，Watts – Strogatz(WS)小世界网络[78]，Barabási – Albert(BA)无标度网络[79]，隶属网络[80]和 RMAT[81]等。

2. 真实网络数据集

真实网络数据集包含两类：一类为原始网络，为真实数据集，而实验网络由真实网络抽样形成；另一类为关联用户挖掘的两个社交网络都为真实世界网络。本部分主要介绍后一种情况中可用的数据集。

(1) Goga1315[82]。该数据从 Google+收集形成两个数据集：数据集一包含 Twitter，Flickr 和 Yelp 等三个社交网络的用户属性和 UGC 内容数据[36]；数据集二包含 Twitter, Facebook, LinkedIn 和 Flickr 等四个社交网络的用户属性数据[83]。

(2) Buccafurri12[84]。该数据集收集并公开于 2012 年[85]，并在 2014 年进行了进一步完善[43]，包含 LiveJournal，Flickr，Twitter 和 Youtube 等四个社交网络的数据，包括 93169 个用户，145580 个好友关系和 462 个先验关联用户。

(3) Zhang15[86]。该数据集公开于 2015 年[74]，包含两个真实网络数据：社交网络和学术网络。社交网络包括 Twitter，LiveJournal，Flickr，Last.fm 和 MySpace 等，社交网络数据包括用户名及其用户关系等。学术网络包括 ArnetMiner，VideoLecture 和 LinkedIn 等。

3.4.2 评价指标

本书所讨论的关联用户挖掘本质上是一类预测问题，其性能评价可采用预测问题的评价体系，也即召回率(recall rate)、准确率(precision)、F1-measure 和精确率是关联用户挖掘的主要指标。又关联用户挖掘候选关联用户数量较多，一般只关注正确识别的关联用户数，因此精确率一般较少考虑。所以关联用户挖掘的主要评价指标有：

$$\begin{aligned} \text{召回率} &= \frac{\text{正确识别出的关联用户数}}{\text{总的关联用户数}} \\ \text{准确率} &= \frac{\text{正确识别出的关联用户数}}{\text{识别出的所有关联用户}} \\ \text{F1-measure} &= \frac{2\times\text{召回率}\times\text{准确率}}{\text{召回率}+\text{准确率}} \end{aligned} \tag{3-21}$$

3.5 本章小结

关联用户挖掘建模在形式上与其他领域的许多研究相似或相关，如自然语言处理中的共献问题[87]、实体匹配[88]、数据库记录链接[89-91]和信息检索中的命名辨别问题[92-94]等。虽然这些方法为社交网络关联用户挖掘提供借鉴，但由于社交网络中数据量大以及用户属性的相似性、稀疏性、虚假性和不一致性，使得面向社交网络融合的关联用户挖掘方法将面临更多的挑战，也将更为复杂。

综上所述，目前面向社交网络融合的关联用户挖掘研究现状可以总结为以下几点。

(1) 从用户属性(含用户行为)中挖掘关联用户是目前研究最多、效果最好的方法，但在社交网络中，由于用户属性的相似性、稀疏性、虚假性和不一致性，使得单纯使用用户属性挖掘关联用户的方法健壮性不足，易于受恶意用户的攻击，且召回率可进一步提升。

(2) 基于用户关系的关联用户挖掘研究多在“去匿名化”研究领域。在较为相似或相同的图中，该方法能较准确挖掘节点度较高的节点。

(3) 大多数关联用户挖掘方法需要种子用户。一方面，其挖掘质量较依赖于种子用户的质量；另一方面，在许多社交网络中，种子用户的获取越来越困难。目前，针对无种子用户的关联用户挖掘建模研究还很少。

(4) 融合用户属性和用户关系以挖掘准确、全面的关联用户的研究较少。针对社交网络，建立快速的关联用户挖掘模型也有待进一步研究。

第 4 章　基于好友关系的半监督关联用户挖掘

社交网络(SN)是近年来各研究领域的前沿和热点。识别多个 SN 中匿名但属于同一自然人的用户(关联用户)仍然是一个重要而极具挑战性的问题。跨社交网络平台的研究和探索将更有助于解决社会计算理论和应用领域的许多问题。由于公开的用户个人资料易于被具有恶意意图的用户伪造和复制，因此，当前大多数关联用户识别方案主要基于用户的公开个人资料，具有一定的脆弱性。部分研究尝试使用 UGC 的位置和时间以及写作风格来识别关联用户。然而，大多数 SN 中的地点信息都很稀少，写作风格很难从新浪微博和 Twitter 等主流 SN 的短句进行辨别。SN 中的好友关系是相对稳定且不易受伪造的信息。考虑真实世界的朋友圈极具个性化，也即现实中没有两个人具有完全一致的朋友圈，同时，相同的用户在不同的 SN 中往往具有部分相同的好友关系。为此，本章使用 SN 中用户好友关系的健壮性和一致性，建立一种基于好友关系的半监督关联用户挖掘方法(friend relationship-based user identification, FRUI)[95]。FRUI 计算所有候选关联用户的匹配度，并且只有具有最高排名的候选关联用户被视为关联用户。为了提高算法效率，本章还提出了两个命题。大量的实验结果表明 FRUI 比现有的基于网络结构的半监督算法具有更好的关联用户识别性能。

4.1　引　言

大型社交网络中用户属性的相似性、稀疏性、虚假性和不一致性使得单纯使用用户属性挖掘关联用户的方法易受恶意用户的攻击，健壮性较差。用户关系，尤其是好友关系，是社交网络中较稳定、不易受恶意用户伪造攻击且可获取的信息。同时，好友关系更能体现真实世界中人与人之间的关系(又称熟人网络)，因此，好友关系在社交网络中往往具有一定的一致性，即不同社交网络中的好友关系具有较大的重叠性。本章基于社交网络好友关系的稳定性和一致性，提出 FRUI 方法。本章的主要贡献包括以下几点。

(1) 提出一种基于网络结构的半监督关联用户挖掘的统一框架。首先，通过人工标注或其他技术标注一定数量的先验关联用户；而后，基于先验关联用户定义识别方法找出关联用户，并将新识别的关联用户加入先验用户集合中；最终，通过不断迭代挖掘出所有的关联用户。当前，几乎所有的基于网络结构的半监督关联用户挖掘都采用类似的流程。

(2) 提出一种全新的基于好友关系的半监督关联用户挖掘算法(FRUI)。在现实世界中，一个人的好友圈是独一无二，而人们往往在不同的社交网络中具有相似的好友关系。因此，当两个社交网络中的用户拥有越多的已知共同好友时，这两个用户越有可能是关联用户。基于该基本假设，本章提出了 FRUI 算法。现有基于网络结构的相关算法往往从未关联用户出发寻找关联用户，而 FRUI 从关联用户出发识别候选关联用户。因此，FRUI 更具有可扩展性并更易于扩展为在线关联用户挖掘。此外，FRUI 无需额外控制参数。

(3) 开展了广发而具体的验证实验。本章在三个人工网络和两个主流中文在线社交网络中开展实验并证实了 FRUI 算法的效率。三个人工网络包括 ER 随机网络[77]，WS 小世界网络[78]和 BA 无标度网络[79]。两个真实世界网络为新浪微博网和人人网。实验结果表明 FRUI 算法比 NS 算法具有更好的关联用户挖掘性能。同时，由于关联用户识别和去匿名化具有一定的相似性，因此，FRUI 算法也能用于去匿名化识别。

4.2 相关工作

基于网络结构的关联用户挖掘仅通过网络结构来识别关联用户，具有极大的挑战性。目前，仅有少数工作开展了基于网络结构的关联用户识别研究，且多为有监督或者半监督算法。

Bartunov 等提出了一种基于随机条件场的关联用户挖掘算法(joint link-attribute, JLA)[68]。顾名思义，JLA 在考虑网络结构的基础上，综合使用了用户属性。为分析隐私保护和匿名化问题，Narayanan 和 Shmatikov 提出了一种基于网络结构的去匿名化方法(NS)[22]。同 FRUI 相似，NS 和 JLA 都是一对一的匹配模型。Korula 和 Lattanzi 也提出了一种基于网络结构的多对多匹配算法[40]。这些算法都具有相似的流程：首先通过一定的手段找出先验关联用户集合，而后通过先验关联用户集合迭代识别关联用户并扩展到先验关联用户集合中。更多的相关工作参考 3.3.1 节内容。

虽然 FRUI 算法跟 NS 和 JLA 都是基于网络结构的一对一匹配模型，但 FRUI 算法跟 NS 和 JLA 具有本质的不同，具体表现如下(表 4.1)。

(1) NS 算法适用于有向网络(单向关注关系)，而 JLA 和 FRUI 基于好友关系构建。此外，JLA 局限于基于随机条件场的无向网络，而 FRUI 则利用好友关系的稳定性和一致性来解决关联用户识别问题。

(2) NS 需要额外离心率阈值参数来控制关联用户识别的效率。当候选关联用户的离心率大于设定离心率阈值时，NS 接收该候选关联用户中的一对用户为关联用户。显然，离心率阈值需要事先根据经验值给定。相反，JLA 和 FRUI 都不需要额外的控制参数。

(3) JLA 从某个社交网络中节点的未关联用户出发构建关联用户识别函数，而 NS 从两个社交网络中所有的未关联用户出发建立用户相似度模型。FRUI 从先验关联用户出发找出最匹配的候选关联用户，因此 FRUI 可以极大降低计算复杂度。

(4) NS 算法采用未关联用户的出、入度和先验关联用户集合计算候选关联用户的相似度值。JLA 使用先验关联用户集合中的用户及其度计算候选关联用户的相似度，而 FRUI 仅需要先验关联用户集合。

(5) NS 在计算候选关联用户相似度时假定不同关联用户在不同的社交网络具有相同或相似的出、入度。JLA 使用 Dice 系数计算匹配度。FRUI 更看重共同已知好友数，同时，FRUI 在进行相似度计算上更简单、更高效。

表 4.1　FRUI、JLA、NS 的对比

对比指标	JLA	NS	FRUI
适用网络类型	无向	有向	无向
额外控制参数	-	离心率阈值	-
识别方式	某个社交网络中节点的未关联用户	两个社交网络中节点的未关联用户	关联用户
使用的属性	已知关联用户及其度	已知关联用户及候选关联用户中用户的出、入度	已知关联用户
匹配相似度计算	Dice 系数	已知共同的关注和被关注邻居以及节点出、入度	已知共同好友

4.3　总体识别框架

4.3.1　基本设想

在真实世界中，我们可以推断每个人都具有其独特的好友圈，也即每个人的好友圈是唯一的、高度个性化的。因此，假定给出一个人的所有好友，其实是可以准确推断这个人的。以图 4.1(a)为例，如果一个人有且只有一个好友为节点 1，那么这个人肯定是节点 3。如果一个人有两个好友分别为节点 1 和 2，显然这个人是节点 4。根据第 2 章的讨论，用户通常会在不同的社交网络中建立相似的好友关系。因此可以假设：①给定一部分先验关联用户，可以根据共同好友推断出更多的关联用户；②候选关联用户的两个用户具有越多的已知共同好友，则这两个用户越有可能是关联用户。以图 4.1(c)中完全重叠的两个社交网络 SN^A 和 SN^B 为例，上方实线线框节点属于 SN^A，下方的虚线线框节点属于 SN^B，中间的节点 1 和 2 形成先验关联用户集合 $\mathcal{P}=\{I_{A\sim B}(1,1), I_{A\sim B}(2,2)\}$。由于候选关联用户 $\ddot{I}_{A\sim B}(4,4)$ 具有最多的已知共同好友，因此 U_4^A 和 U_4^B 极有可能是关联用户。将 U_4^A 和 U_4^B 认定为关联用户后，加入先验关联用户集合，此时，$\mathcal{P}=\{I_{A\sim B}(1,1), I_{A\sim B}(2,2), I_{A\sim B}(4,4)\}$。重复迭代该过程，关联用户 $I_{A\sim B}(5,5), I_{A\sim B}(6,6), I_{A\sim B}(7,7)$和 $I_{A\sim B}(1,1)$将先后被识别出来。

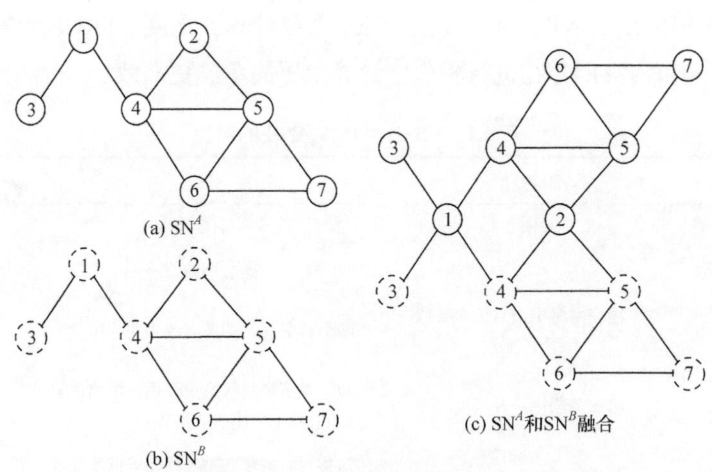

图 4.1　FRUI 算法示例图

如前所述，好友关系更稳定也更一致，且不同的社交网络用户往往具有相同或相似的好友关系。为此，本章基于好友关系构建关联用户挖掘方法。

由于多种原因，有些人可能在一个社交网络上具有多个账户，本书假定每个账户属于不同的自然人，也即，在关联用户识别上，本章的算法只识别出该类账户中的一个。

4.3.2　算法总体框架

基于网络结构的半监督关联用户挖掘算法旨在根据先验关联用户集合判定候选关联用户中的两个用户是否为关联用户，其问题定义可见 2.2 节。在初始情况下，由于缺失先验关联用户集合 $\mathcal{P}$，此类方法通常需要一个预处理器模块来识别 $\mathcal{P}$。因此，基于网络结构的关联用户挖掘算法通常包含两个步骤：先验关联用户集合识别模型和迭代识别模型。

图 4.2 给出了基于网络结构的关联用户挖掘的统一框架。该框架包含两个部分：预处理器和识别器。预处理器内置先验关联用户集合识别模型，旨在通过有限的用户属性等信息获取一定数量的先验关联用户。识别器内置关联用户识别模型，是该类算法(含 FRUI)的核心内容，旨在以迭代的方式通过网络结构和先验关联用户集合识别关联用户。在统一框架中，关联用户挖掘的整体输入为两个社交网络，输出为所挖掘出的关联用户集合。当给定一定数量的先验关联用户后，识

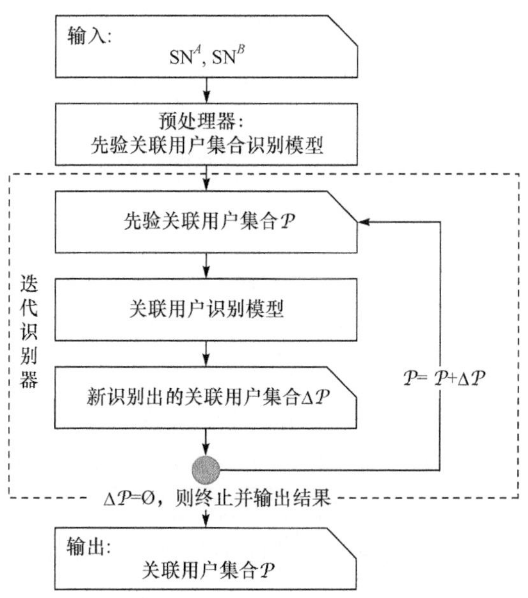

图 4.2　基于网络结构的关联用户挖掘统一框架图

别器执行关联用户识别模型，该模型通过先验用户对集合和两个社交网络的网络结构识别出新的关联用户集合$\Delta\mathcal{P}$。新识别出的关联用户集合$\Delta\mathcal{P}$将加入先验关联用户集合 $\mathcal{P}$，作为下一轮迭代识别的先验关联用户。当识别器无法识别出新的关联用户时，整个迭代终止。

显然，识别器中的关联用户识别模型是该类方法的核心，不同的识别模型将产生不同的关联用户。因此，当前该类算法的主要工作都集中在关联用户识别模型的设计上。

4.4 先验关联用户集合识别模型

先验关联用户集合识别模型内置于预处理器内，旨在获取足量的先验关联用户。目前还没有一种通用的方法可以在任何两个社交网络之间获取先验关联用户集合，通常根据拟融合的社交网络制定特定的先验关联用户集合识别方法。虽然预处理器没有一套统一的识别过程，但是可以根据用户属性信息等制定相应的算法。

电子邮件地址是每个用户账户的唯一标识，是用于识别先验关联用户集合的有效方法。早期，Balduzzi 等[14]提出了一种基于电子邮件的“Friend Finder”机制，可以高准确度的找出不同社交网络的关联用户。然而，近年来，随着各大社交网络平台对隐私保护的关注，电子邮件地址几乎不可见，因此“Friend Finder”已基本不可用。

基于个人内在和外在因素的限制，一个人往往在不同的社交网络使用相同的用户名。因此，在用户名是不可重复的情况下，用户名是用于辨别并获取先验关联用户集合的一种方法。但是很多社交网络允许人们使用相同或类似用户名(如人人网)，则该方法就极具局限性。此时可通过其他公开的用户属性(如个人描述，位置和生日等)来进一步验证并获取先验关联用户集合。

随着社交网络服务的人性化，越来越多的社交网络允许用户绑定主流社交网络的账号，例如，在 google+中，很多用户会关联其 Facebook、Twitter 账号；当前国内流行的 APP “啪啪”和“唱吧”等都鼓励用户使用新浪微博和微信等账号进行关联和登录；Twitter 为用户提供了 URL 属性，很多用户在 URL 属性中直接填写其 Facebook 主页地址。此时，先验关联用户集合可以通过绑定信息获得。

当没有额外的信息可以使用时，只能尝试使用基于网络结构的先验关联用户识别方法，例如，NS 算法[22]中的先验关联用户集合识别方法和文献[96]中的“去匿名”算法等。当这些方法的性能都不足以满足先验关联用户集合的获取时，只能进行人工标注。

4.5　关联用户识别模型

关联用户识别模型内置于迭代识别器内，是 FRUI 的核心内容。本部分将系统介绍基于好友关系的关联用户识别模型，并给出两个提升 FRUI 算法效率的命题。

4.5.1　方法论

关联用户识别模型旨在通过好友关系和先验关联用户集合识别新的关联用户。候选关联用户的匹配度或者相似度是关联用户识别模型的核心内容。给定用户 U_i^A 和 U_j^B，NS 通过有向网络中的出、入度计算匹配度

$$M_{ij} = s(U_i^A, U_j^B) = \frac{c_{\text{in}}}{\sqrt{d_{\text{in-B}j}}} + \frac{c_{\text{out}}}{\sqrt{d_{\text{out-B}j}}} \tag{4-1}$$

其中，c_{in} 和 c_{out} 分别是 U_i^A 和 U_j^B 已知相同的连入和连出的邻居数，$d_{\text{in-B}j}$ 和 $d_{\text{out-B}j}$ 分别标识 U_j^B 的入度和出度。不难看出，NS 的基本假设是关联用户在不同社交网络中具有相似的出、入度值。显然，NS 中，候选关联用户 $\ddot{I}_{A\sim B}(i,j)$ 的匹配度值 M_{ij} 严重依赖节点的出、入度值。在关注型社交网络中，如微博，一个用户可以任意去关注其所感兴趣的人，而这将直接为关联用户识别带来极大的噪音。

图 4.3 给出了关联用户识别中的噪音示意。其中，上方实线线框节点和边属于社交网络 SN^A，下方虚线线框节点和边属于社交网络 SN^B，中间节点为先验关联用户。图 4.3(a)给出了有向网络中的例子。当 U_3^B 关注 U_1^B 时，在 NS 中，有 $M_{43} = 1$。一旦 U_4^B 有较大的出度和入度时，NS 很难识别出潜在关联用户 $I_{A\sim B}(4,4)$。因此，NS 将可能导致无法正确识别许多关联用户。图 4.3(b)为无向网络中的例子。尽管 U_3^B 和 U_8^A 仅有一个已知共同好友，但这个共同好友却使得 NS 算法无法识别潜在关联用户 $I_{A\sim B}(4,4)$。换言之，尽管已知 U_4^B 和 U_4^A 具有 10 个已知相同好友，一个具有很少好友的用户在与 U_4^A 建立好友关系后，就可能导致 NS 算法无法识别出潜在关联用户 $I_{A\sim B}(4,4)$。因此，NS 算法无法识别很多潜在的关联用户，尤其是在稀疏的社交网络中。

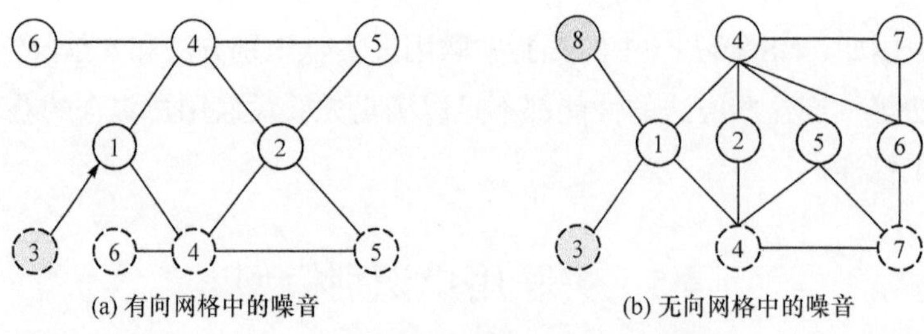

图 4.3　关联用户识别中的噪音示例图

如前面所述，好友关系是需要连接双方共同确认而建立的。因此更稳定且在不同社交网络中具有一定的一致性，而且使用好友关系可以减少因单向关注而引起的噪音问题。JLA 根据好友关系建立的无向网络定义用户 U_i^A 和 U_j^A 的匹配度为

$$M_{ij} = s(U_i^A, U_j^B) = \frac{2 \times w(F_i^A \cap F_j^B)}{w(F_i^A) + w(F_j^B)} \tag{4-2}$$

其中，∩为两个集合的交集。通常，$w(F) = \sum_{v \in F} 1/d(v)$。显然，当 $F_i^A = F_j^B$ 时，有 $M_{ij} = 1$。而这将直接导致当 $|F_i^A|$ 不够大时，JLA 会错误识别关联用户。以图 4.3(b)为例，$F_8^A = F_3^B = \{U_1^A\}$，所以有 $M_{83} = 1$，因此 JLA 将强确认 U_8^A 和 U_3^B 为关联用户。然而，事实上，U_8^A 和 U_3^B 仅有一个共同好友，他们极有可能为非关联用户。

社交网络是现实世界的映射。若人们在社交网络中以随机概率 $p\ (0<p<1)$建立好友关系。对于任一好友关系，将分别以 s_a 和 s_b 的概率映射到社交网络 SN^A 和 SN^B 中，也即，在 SN^A 和 SN^B 中，两个人建立好友关系的概率分别为 $p \cdot s_a$ 和 $p \cdot s_b$。易知，任一好友关系在 SN^A 和 SN^B 中同时存在的概率为 $p \cdot s_a \cdot s_b$。因此，给定先验关联用户集合 $\mathcal{P}$，若候选关联用户 (U_i^A, U_j^B) 有 $U_i^A = U_j^B$，则 U_i^A 和 U_j^B 理论上有 $|\mathcal{P}| \cdot p \cdot s_a \cdot s_b$ 个已知共同好友，其中$|\mathcal{P}|$为集合 $\mathcal{P}$ 的数目；若 $U_i^A \neq U_j^B$，则 U_i^A 和 U_j^B 理论上有$|\mathcal{P}| \cdot p^2 \cdot s_a \cdot s_b$ 个已知共同好友。显然，U_i^A 和 U_j^B 为关联用户和非关联用户，其已知共同好友数存在 $1/p\ (0<p<1)$倍的差距。因此，理论上通过已知共同好友可以区分关联用户和非关联用户。FRUI 依据该依据，建立候选关联用户匹配度计算公式

$$M_{ij} = |F_i^A \cap F_j^B| \tag{4-3}$$

显然，$s = s_a \cdot s_b$ 显示了两个社交网络的重叠度，p 则表征原始社交网络的密度。当 p 设定后，s 越大，两个社交网络的重叠度越大，$|\mathcal{P}|(p-p^2)s$ 值越大。此时

关联用户和非关联用户之间的好友数量差距越大。因此，当两个社交网络的重叠度越大时，相对较少的先验关联用户即可区分关联用户和非关联用户。当 s 设定后，$p\ (p<0.5)$越小，原始网络越稀疏，虽然此时 $1/p$ 越大，但$|\mathcal{P}|s(p-p^2)$值越小，因此需要较多的先验关联用户来区分关联用户和非关联用户。反之，在 s 固定的情况下，$p\ (p>0.5)$越大，原始网络越稠密，此时 $1/p$ 越小，$|\mathcal{P}|s(p-p^2)$值越小，因此也需要较多的先验关联用户来区分关联用户和非关联用户。

虽然 FRUI 给出的匹配度计算公式解决了 JLA 和 NS 算法所存在的问题，然而，上述匹配度算法经常会产生矛盾候选关联用户(controversial candidate identical user pairs)。当$|F_i^A \cap F_j^B|=|F_k^A \cap F_j^B|$且足够大时，很难判断$U_j^B$的关联用户是$U_i^A$还是$U_k^A$，此时候选关联用户$\ddot{I}_{A\sim B}(i,j)$和$\ddot{I}_{A\sim B}(k,j)$称为矛盾候选关联用户。为解决该问题，FRUI 进一步根据已知关联用户细化匹配度计算模型，也即

$$M_{ij}=\left|F_i^A \cap F_j^B\right|+\frac{\left|F_i^A \cap F_j^B\right|}{\min(\left|F_i^A\right|,\left|F_j^B\right|)} \tag{4-4}$$

显然，候选关联用户在已知关联用户集合上越匹配，M_{ij}值越大，该候选关联用户的两个用户越有可能是关联用户。为此，FRUI 进一步定义关联用户识别模型为

$$f(U_i^A,U_j^B)=(M_{ij}==\max_u(M)) \tag{4-5}$$

其中，M 为跟先验关联用户集合中有好友关系的所有候选关联用户的匹配度值集合。式中，当 $a=b$ 时，$a==b$ 返回 1；否则，返回 0。定义 $\Gamma(u)\ (u\in M)$为匹配度值不小于 u 的所有非矛盾候选关联用户集合。因此，有

$$\max_u(M)=\max(u),\ \text{s.t.}\ \Gamma(u)\text{非空} \tag{4-6}$$

在实际应用中，$\Gamma(u)$通常使用式(4-3)构建。当式(4-3)出现矛盾候选关联用户时，再通过式(4-5)计算 $\Gamma(u)$。

在此说明，FRUI 并不需要设定 $\max_u(M)$的最小阈值。其原因在于匹配度越高的候选关联用户的匹配度值越有可能是 $\max_u(M)$，也即 $\max_u(M)$几乎不可能是匹配度较低的候选关联用户。虽然可以设定一定的阈值来限定 $\max_u(M)$的最小值，但是并没有相关理论和实验数据支撑 $\max_u(M)$阈值的设定。此外，最小阈值的设定也可能导致迭代识别器过早退出而使得许多可能识别的关联用户未被识别。因此，FRUI 算法不需要设定额外参数来控制关联用户识别模型的性能。

4.5.2 算法

显然已知共同好友数是 FRUI 计算的核心问题。本节将通过两个命题来提升 FRUI 算法的计算效率。

定义 4-1 邻接未关联用户(adjacent user)。邻接未关联用户指与先验关联用户对集合中的用户有好友关系，且不在先验关联用户对集合中的用户集合。社交网络 SN^A 的邻接未关联用户标识为 AU^A。

命题 4-1 给定社交网络 SN^A 和 SN^B 以及 s 个先验关联用户，则 $m\times n$ 阶矩阵 $R=Q_AP_B$ 中的 r_{ij} 为 U_i^A 和 U_j^B 的已知共同好友数，其中，m 和 n 分别为集合 AU^A 和 AU^B 中的用户数，Q_A 为 SN^A 中 AU^A 和先验关联用户集合中的用户形成的关系矩阵，P_B 为 SN^B 中先验关联用户集合中的用户和 AU^B 形成的关系矩阵。

证明 Q_A 为 SN^A 中 AU^A 和先验关联用户集合中的用户形成的关系矩阵，可以表示为 $Q_A=[\alpha_1^T,\alpha_2^T,\cdots,\alpha_m^T]^T$，其中，$\alpha_i\in\{0,1\}^{1\times s}$ 表示 SN^A 中第 i 个邻接未关联用户同先验关联用户集合中用户的好友关系，0 表示无好友关系，1 表示有好友关系。同理，$P_B=[\beta_1,\beta_2,\cdots,\beta_n]$，其中，$\beta_j\in\{0,1\}^{s\times 1}$ 表示 SN^B 中第 j 个邻接未关联用户同先验关联用户集合中用户的好友关系。因此，矩阵 R 可以表示为

$$R=Q_AP_B=\begin{bmatrix}\alpha_1\\ \alpha_2\\ \vdots\\ \alpha_m\end{bmatrix}\begin{bmatrix}\beta_1 & \beta_2 & \cdots & \beta_n\end{bmatrix} \tag{4-7}$$

若 a_{ik} 表示 SN^A 中第 i 个邻接未关联用户和第 k 个先验关联用户集合中用户的好友关系，b_{jk} 表示 SN^B 中第 j 个邻接未关联用户和第 k 个先验关联用户集合中用户的好友关系，则有 $\alpha_i=[a_{i1}\ a_{i2}\ \cdots\ a_{is}]$，$\beta_j=[b_{j1}\ b_{j2}\ \cdots\ b_{js}]^T$。若 SN^A 中第 i 个邻接未关联用户和 SN^B 中第 j 个邻接未关联用户都同时和第 k 个先验关联用户集合中的用户有好友关系，则 $a_{ik}b_{jk}=1$；反则 $a_{ik}b_{jk}=0$。因此，$\alpha_i\beta_j$ 可通过计算为

$$\alpha_i\beta_j=\sum_{k=1}^{s}a_{ik}b_{jk} \tag{4-8}$$

显然，SN^A 中第 i 个邻接未关联用户和 SN^B 中第 j 个邻接未关联用户有 $r_{ij}=\alpha_i\beta_j$ 个已知共同好友。 □

通过命题 4-1，FRUI 在计算时仅需考虑邻接未关联用户，因此极大降低了计

算复杂度。具体地，命题 4-1 将计算复杂度降到了 $O(\sum_{s} d_i^A d_j^B) \leqslant O(sd_{\mathrm{A}}d_{\mathrm{B}})$，其中，$d_A$ 和 d_B 分别为 SN^A 和 SN^B 中用户的最大好友数。

若在第 t 次迭代识别计算中识别出了 k 个关联用户，则以该 k 个关联用户为先验关联用户集合，依据命题 4-1，有 $\Delta R = \Delta Q_A \Delta P_B$，其中，$\Delta R$，$\Delta Q_A$ 和 ΔP_B 同命题 4-1 中 R，Q_A 和 P_B 的含义相同。此时，将 ΔR 和 $R^{(t)}$ 融合直接产生 $R^{(t+1)}$，其中，$R^{(t)}$ 为第 t 次迭代时的矩阵 R，则产生了命题 4-2。

命题 4-2　若在第 t 次识别迭代中识别出了 k 个关联用户，则有

$$R^{(t+1)} = \mathrm{combine}(R^{(t)}, \Delta R) \tag{4-9}$$

其中，combine 函数去除了 $R^{(t)}$ 中所有包含此次 k 个关联用户中用户的候选关联用户，并返回 $R^{(t)}$ 和 ΔR 的 union 操作结果。union 操作将 $R^{(t)}$ 和 ΔR 中共同候选关联用户的匹配度值进行加和，并将 ΔR 中有而 $R^{(t)}$ 中没有的候选关联用户添加到 $R^{(t)}$ 中，形成 $R^{(t+1)}$。

证明　由于 FRUI 是一对一匹配，因此在 k 个识别出来的关联用户中的用户将无需再进行识别，可移除所有包含 k 个已识别关联用户的候选关联用户。对于同时出现在 $R^{(t)}$ 和 ΔR 中的候选关联用户，其已知共同好友数将进行加和运算。对于只存在 $R^{(t)}$ 中的候选关联用户，无需进行计算。对于新出现在 ΔR 中的候选关联用户，则将其加入到 $R^{(t+1)}$ 中。□

根据命题 4-2 易知，只有跟新识别出的关联用户有好友关系的用户才需要下一轮迭代识别中计算已知共同好友数。此外，当 $t=0$ 时，若 $R^{(t)}$ 为 0 矩阵，k 个新识别出的关联用户看作先验关联用户集合，则命题 4-2 一般化为命题 4-1。

在实现过程中，迭代识别器首先使用命题 4-1 计算矩阵 R 完成候选关联用户匹配值的初始化，接着以迭代方式通过关联用户识别模型不断识别新的关联用户，当无法识别新的关联用户时，迭代终止。在每次迭代过程中，迭代识别器将删除所有包含新识别出的关联用户中用户的候选关联用户，而后使用命题 4-2 重新计算 R 值。算法 4-1 归纳总结了 FRUI 算法的详细步骤。

算法 4-1：FRUI

输入: $\mathrm{SMN_A}$, $\mathrm{SMN_B}$, Priori UMPs: PUMPs

输出: Identified UMPs: UMPs

1:**function** FRUI($\mathrm{SMN_A}$, $\mathrm{SMN_B}$, PUMPs)

```
T = {}, R = dict(), S = PUMPs, L = [], max = 0, F_A = [], F_B = []
while S is not empty do
  Add S to T
  if max > 0 do
    Remove S from L[max]
    while L[max] is empty
      max = max – 1
      if max == 0 do
        return UMPs
      Remove UMPs with mapped UE from L[max]
  foreach UMP_{A~B}(i, j) in S do
    foreach UE_{Aa} in the unmapped neighbors of UE_{Ai} do
      F_A[i] = F_A[i] + 1
      foreach UE_{Ab} in the unmapped neighbors of UE_{Aj} do
        R[UMP_{A~B}(a, b)] += 1, F_B[j] = F_B[j] + 1
        Add UMP_{A~B}(a, b) to L[R[UMP_{A~B}(a, b)]]
        if R[UMP_{A~B}(a, b)] > max do
          max = R[UMP_{A~B}(a, b)]
  m = max, S = {}
  while S is empty do
    Remove UMPs with mapped UE from L[max]
    C = L[m], m = m – 1, n = 0
    S = {un-Controversial UMPs in C }
    while S is empty do
      n = n + 1, I = {UMPs with top n M_{ij} in C using (5)}
      S = {un-Controversial UMPs in I }
      if I == C do
        break
return T
```

假定在某次迭代过程中有 s 个先验关联用户，算法 4-1 的第 4～11 行移除已识别的关联用户并更新候选关联用户的匹配度值，其时间复杂度为 $O(s) + O(\min(|U^A|, |U^B|)) = O(\min(|U^A|, |U^B|))$；第 12～19 行使用命题 4-1 和命题 4-2 更新候选关联用户集合和最大匹配度值，其时间复杂度为 $O(sd_A d_B)$；第 20～29 行使用公式(4-6)识别关联用户。通常 $\max_u(M)$的值为最大的 M_{ij} 值，其时间复杂度为 $O(\min(|U^A|, |U^B|))$。综上，FRUI 算法的时间复杂度为 $O(\min(|U^A|, |U^B|)) + O(sd_A d_B) + O(\min(|U^A|, |U^B|)) \leqslant O(\min(|U^A|, |U^B|)d_A d_B)$。显然，FRUI 算法的时间复杂度小于 NS 算法的时间复杂度 $O((|F^A| + |F^B|)d_A d_B)$。

4.6 理论分析

本部分分别采用 ER 随机网络模型和 BA 无标度网络模型从理论上论证 FRUI 算法的有效性及其性质。

4.6.1 随机网络模型理论分析

ER 随机网络模型假定一个网络中具有 n 个节点(用户)，任两个节点之间以概率 p 建立连接。如前所述，在随机网络模型中，若给定先验关联用户集合 $\mathcal{P}$，候选关联用户 (U_i^A, U_j^B)，有 $U_i^A = U_j^B$，则 U_i^A 和 U_j^B 理论上有$|\mathcal{P}|ps_a s_b$个已知共同好友，其中，$|\mathcal{P}|$为集合 $\mathcal{P}$ 的数目；若 $U_i^A \neq U_j^B$，则 U_i^A 和 U_j^B 理论上有$|\mathcal{P}|p^2 s_a s_b$ 个已知共同好友。本部分将采用随机网络模型从理论上论证$|\mathcal{P}|ps_a s_b$ 和$|\mathcal{P}|p^2 s_a s_b$ 之间有足够的差距以使得 FRUI 算法可以准确识别出关联用户。本部分将从 p 足够大和 p 较小两种情况分别证明上述论断。不失一般性，本部分有 $s = s_a = s_b$。

定理 4-1　若$|\mathcal{P}|ps^2 \geqslant (24\log n)$(即 $p \geqslant 24\log n / (|\mathcal{P}|s^2)$)，有：①$U_i^A = U_j^B$ 时，其已知共同好友数小于$|\mathcal{P}|ps^2 / 2$ 的概率不大于 $1/n^3$；②$U_i^A \neq U_j^B$ 时，其已知共同好友数大于$|\mathcal{P}|ps^2 / 2$ 的概率不大于 $1/n^3$。

证明　考虑待挖掘的关联用户 (U_i^A, U_j^B)。若 Y_i 为随机变量，当 (U_i^A, U_j^B) 为先验关联用户且满足 $U_i^A \in F_i^A$，$U_j^B \in F_j^B$ 时有 $Y_i = 1$。易知，$\Pr[Y_1 = 1] = |\mathcal{P}|ps^2 / n$，其中，$n$ 为原始网络的节点数。若 $Y = \sum_{i=1}^{n-1} Y_i$，采用 Chernoff 边界理论，易知

$$\Pr[Y < (1-\delta)E[Y]] \leqslant \mathrm{e}^{-E[Y]\delta^2/2} \tag{4-10}$$

也即

$$\Pr[Y < |\mathcal{P}|ps^2 / 2] \leqslant \mathrm{e}^{-E[Y]/8} < \mathrm{e}^{-3\log n} = 1/n^3 \tag{4-11}$$

因此，$U_i^A = U_j^B$ 时，其已知共同好友数有大概率不少于 $|\mathcal{P}|ps^2/2$。结论①得证。

考虑待挖掘的非关联用户 U_i^A 和 U_j^B。若 X_i 为随机变量，当 $(U_k^A \in U_k^B)$ 为先验关联用户且满足 $U_k^A \in F_i^A$，$U_k^B \in F_j^B$ 时有 $X_i = 1$。易知，$\Pr[X_1 = 1] = |\mathcal{P}|p^2s^2/n$，其中 n 为原始网络的节点数。若 $X = \sum_{i=1}^{n-1} X_i$，采用 Chernoff 边界理论，易知

$$\Pr[X > (1+\delta)E[X]] \leqslant \mathrm{e}^{-E[X]\delta^2/4} \tag{4-12}$$

也即

$$\begin{aligned}&\Pr[X > \frac{1}{2p}|\mathcal{P}|p^2s^2 = |\mathcal{P}|ps^2/2] \\ &\leqslant \mathrm{e}^{-E[X]\left(\frac{1}{2p}-1\right)^2/4} = \mathrm{e}^{-2p\left(\frac{1}{2p}-1\right)^2 3\log n} \leqslant 1/n^3\end{aligned} \tag{4-13}$$

因此，$U_i^A \neq U_j^B$ 时，其已知共同好友数有大概率不多于 $|\mathcal{P}|ps^2/2$。结论②得证。 □

定理 4-1 证明当 p 足够大时，$U_i^A = U_j^B$ 和 $U_i^A \neq U_j^B$ 的已知共同好友数有较大的差距可以区分关联用户和非关联用户。

引理 4-1 若 B 为伯努利随机变量，且其值为 1 的概率为 x，为 0 的概率为 $1\text{-}x$。若 B_i 为第 i 次伯努利且 $B(k) = \sum_{i=1}^{k} B_i$，则当 kx 为 $o(1)$时，$B(k) > 2$ 的概率为 $k^3x^3/6 + o(k^3x^3)$。

证明 $B(k) > 2$ 的概率为$(1-x)^k + kx(1-x)^{k-1} + (k/2)x^2(1-x)^{k-2}$。对$(1-x)^{k-2}$采用泰勒展开式，则有$(1-x)^k + kx(1-x)^{k-1} + (k/2)x^2(1-x)^{k-2} \leqslant 1 - k^3x^3/6 - o(k^3x^3)$。 □

引理 4-2 若 $p \leqslant 24\log n/(|\mathcal{P}|s^2 - 2)$，在选定已知共同好友不低于 3 的候选关联用户为关联用户的情况下，FRUI 算法不会错误识别非关联用户 U_i^A 和 U_j^B。

证明 本部分采用引理 4-1 进行证明。假设 FRUI 算法首次错误识别非关联用户 U_i^A 和 U_j^B 为关联用户。假定 B_k 为事件：关联用户 $U_k^A = U_k^B$ 为 U_i^A 和 U_j^B 的已知共同用户。若 B_k 发生，则必须满足 $U_k^A = U_k^B$，$U_k^A \in F_i^A$，$U_k^B \in F_j^B$。根据定理 4-1，$B_k = 1$ 的概率不超过 p^2s^2。不难得出 B_k 为相互独立事件，且有 $n-2$ 次事件。根据引理 4-1，有两次该事件发生的概率不超过$(n-2)^3p^6s^6$。由于 p 为 $O(\log n/n)$，所以该事件发生的概率不超过 $O(\log^6 n/n^3)$。因此，易得对于非关联用户将有极大

概率有不超过两个已知共同好友。因此，若选定已知共同好友不低于 3 的候选关联用户为关联用户，则 FRUI 算法将不会错误识别任何非关联用户。 □

定理 4-2　FRUI 可以识别所有关联用户中 1-o(1)的关联用户。

证明　由于待识别关联用户有 $O(\log|\mathcal{P}|)$的已知共同好友，由 Chernoff 边界理论易知，待识别关联用户被正确识别的概率为 1-o(1)。因此，FRUI 期望上可以识别所有关联用户中 1-o(1)的关联用户。此外，由于每个待识别关联用户总体结果的影响为 1，因此，FRUI 以高概率识别所有关联用户中 1-o(1)的关联用户。 □

4.6.2　无标度网络模型理论分析

定义 4-2　BA 无标度网络模型。BA 无标度网络模型 $G(n, m, n_0)$定义为网络初始有 n_0 个互相有连接的节点，而后以增长性和优先连接原则形成一个完整网络，具有以下特点。

(1) 增长性。每次新增加一个节点，新增加的节点与现有网络中的 m 个节点建立连接。

(2) 优先连接原则。新增节点与已经存在的节点 i 建立连接的概率为 $d_i / \sum_{j\in U} d_j$ 。

无标度网络模型是最知名的社交网络模型。随机网络假定网络中的节点具有大致相同的度，而无标度网络模型可以正确的模拟现实世界社交网络的好友数分布——幂律分布。虽然目前有许多研究对 BA 无标度网络模型进行了扩展，不失一般性，本书仍使用 BA 无标度网络模型进行理论分析，且在 BA 网络中，初始节点数 $n_0 = 1$。此时，BA 无标度网络表示为 $G(n, m)$。

引理 4-3　对于 BA 无标度网络 $G(n,m)$，对 t 时刻加入网络的节点 i，其度 d_i 以概率 1- $O(1 / n)$不大于 $O(\log n)$。

证明　采用数学归纳法进行证明。

由于 $n_0 = 1$，也即整个 BA 无标度网络由 n 个时刻生成。为此，将时间段 $n - t$ 以时间间隔Δt 进行分割，形成时间片$[t, t +\Delta t)$，$[t +\Delta t, t + 2\Delta t)$，…。

(1) 在 t 时刻，显然结论成立。

(2) 若在时刻 $s = t + \lambda\Delta t$ 时刻，结论成立，即 $d_i(s) = C\log n$，则只要证明在 $s +\Delta t$ 时刻结论也成立，那么引理 4-3 得证。

若 X 表示以概率 $D\log n/(2ms)$抛掷Δt 次骰子后得到正面的次数，其中，$D \geqslant 13C$，不难得出 X 的期望为

$$E(X) = \frac{D\log n}{2ms}\Delta t \leqslant \frac{D\log n}{2mt}\Delta t \tag{4-14}$$

不失一般性，若$\Delta t / t = 100m$。则采用 Chernoff 边界理论[97]，有

$$\begin{aligned}\Pr\left(X \geqslant \frac{D-C}{4}\log n\right) &= \Pr\left(X \geqslant \left(\frac{100(D-C)}{2D}\right)E(X)\right) \\ &\leqslant 2^{-\frac{D}{100}\log n\left(\frac{100(D-C)}{2D}\right)} \leqslant 2^{-\frac{6D}{13}\log n} \\ &\leqslant 2^{-6\log n} \in O(n^{-3})\end{aligned} \tag{4-15}$$

也即，X 以概率 $1-O(n^{-3})$ 不大于 $(D-C)\log n/4$。若 t^* 时刻，$d_i(t^*)=D\log n$，此时，新加入节点与节点 i 建立连接的概率为

$$\frac{d_i(t^*)}{\sum\limits_{j\in U(t^*)} d_j(t^*)} = \frac{D\log n}{2t^*} \tag{4-16}$$

显然，$t^*>s$。因此，在 $[s,t^*]$ 时间段内，新增节点与节点 i 建立连接的概率不大于 $D\log n/2ms$。此时，上述结论成立。

考虑 $s\leqslant t^*\leqslant s+\Delta t$ 时，$d_i(t^*)=D\log n$ 的情况。由于 Δt 时间内，X 不大于 $(D-C)\log n/4$ 的概率为 $1-O(n^{-3})$。同理，易知 $s\leqslant t^*\leqslant s+\Delta t$ 时，$d_i(t^*)=D\log n$ 的概率为 $O(n^{-3})$。

综上，采用联合边缘概率，可得 $s+\Delta t$ 时刻节点 i 以概率 $1-O(n^{-2})$ 不大于 $C\log n+(D-C)\log n/4=C'\log n$，其中，$C'=(3C+D)/4$。

考虑所有的时间片段 $[t,t+\Delta t)$，$[t+\Delta t,t+2\Delta t)$，…，以及 n 个节点加入网络的情况，采用联合边缘概率，可知 t 时刻加入网络的节点，其度不超过 $O(\log n)$ 的概率为 $1-O(n^{-1})$。□

引理 4-3 表明若某个节点的度值大于 $\log n$，则该节点加入网络的时间往往较早。

引理 4-4　对于 BA 无标度网络 $G(n,m)$，对于度数大于 $\log n$ 的节点 i，以概率 $1-O(n^{-1})$ 满足：其邻居中有不少于 $1/2-t/n$ 比例的节点于时刻 t 之后与节点 i 建立连接。

证明　由引理 4-3 可知，存在常数 t 使得节点 i 以概率 $1-O(n^{-1})$ 于时间点 t 之前加入网络。本部分将分两部分进行证明。

(1) 若 t 时刻，节点 i 的度 $d_i(t)\leqslant\log n/2$，则引理 4-4 成立。

(2) 若 t 时刻，节点 i 的度 $d_i(t)>\log n/2$。此时，考虑 t 时刻之后，节点 i 在每个时刻以概率 $\log n/(2mn)$ 增加新的连接。若随机变量 X 表示以概率 $\log n/(2mn)$ 抛掷 $n-t$ 次硬币后得到正面的次数。则得出 X 的期望值为

$$E(X)=\frac{\log n}{2mn}(n-t) \tag{4-17}$$

令 $x=t/n$，则式(4-17)变为

$$E(X)=\frac{1-x}{2m}\log n \tag{4-18}$$

不失一般性，假设 $m=1$，则采用 Chernoff 边界理论，有

$$\begin{aligned}
&\Pr\left(X\leqslant\left(1-\frac{x}{1-x}\right)E(X)\right)\\
&=\Pr\left(X\leqslant\frac{1-2x}{1-x}E(X)\right)\\
&=\Pr\left(X\leqslant\frac{1-2x}{1-x}\cdot\frac{1-x}{2}\cdot\log n\right)\\
&=\Pr\left(X\leqslant\frac{1-2x}{2}\log n\right)\\
&\leqslant \mathrm{e}^{-\frac{1}{2}\left(1-\frac{x}{1-x}\right)\log n}\in O(n^{-1})
\end{aligned} \tag{4-19}$$

也即，X 以不少于 $1-O(n^{-1})$ 的概率大于

$$\frac{1-2x}{2}\log n=\left(\frac{1}{2}-\frac{t}{n}\right)\log n \tag{4-20}$$

因此，当 $d_i(t)>\log n/2$ 时，$1-O(n^{-1})$ 的概率下，至少 $1/2-t/n$ 比例的用户晚于时间点 t 后与节点 i 建立连接。

综上所述，n 个节点的 BA 无标度网络中，若节点 i 中的度 $d_i\geqslant\log n$，则以概率 $1-O(n^{-1})$ 满足：其邻居中有不少于 $1/2-t/n$ 比例的节点于时刻 t 之后与节点 i 建立连接。 □

引理 4-5　对于 BA 无标度网络 $G(n, m)$，则 $n^{0.3}$ 时刻前加入网络的节点，其度以不低于 $1-O(\log^4 n/n^{1/2})$ 的概率大于 $\log^3 n$。

证明　为了证明引理 4-5，本部分将 BA 无标度网络 $G(n, m)$ 中的边变为节点，节点变为边(图 4.4)，则原 BA 无标度网络 $G(n, m)$ 等价于 BA 无标度网络 $G(nm, 1)$。

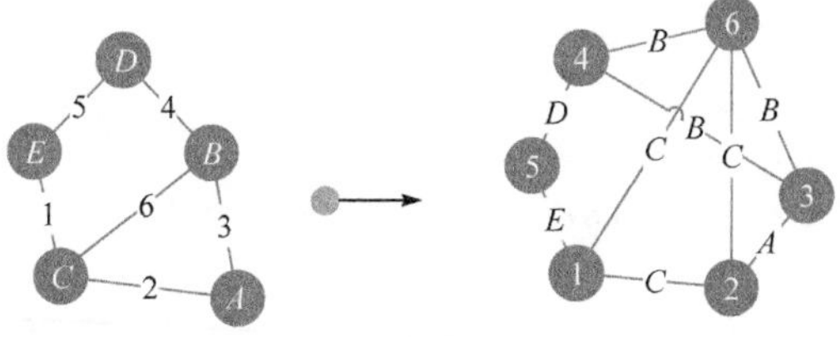

图 4.4　图点边互换模型示意图

不难看出，若以 m 为间隔切割 $G(nm, 1)$ 中的节点，则 $G(nm, 1)$ 中的第 $1, 2, 3, \cdots, m$ 个节点相当于 $G(n, m)$ 中的节点 1，第 $im+1, im+2, \cdots, im+m$ 个节点相当于 $G(n, m)$ 中的节点 i。

若用 v_i 表示 $G(nm, 1)$ 中于时刻 i 加入网络的节点，d_i 表示其度。若 $D_k = d_1 + d_2 + \cdots + d_k$，则根据文献[98]的引理 6，有

$$\Pr\left(|D_k - 2\sqrt{kmn}| \geqslant 3\sqrt{mn\log(mn)}\right) \leqslant (mn)^{-2} \tag{4-21}$$

同时，当 $0 \leqslant d \leqslant \mathrm{mn} - k - s$，有

$$\Pr\left(d_{k+1}(n) = d + 1 \mid D_k - 2k = s\right) \leqslant \frac{s + d}{2N - 2k - s - d} \tag{4-22}$$

从式(4-20)可以推导出

$$\Pr\left(D_k - 2k \geqslant 3\sqrt{mn\log(mn)} + 2\sqrt{kmn} - 2k\right) \leqslant (mn)^{-2} \tag{4-23}$$

且

$$\Pr\left(D_k - 2k \geqslant 5\sqrt{kmn\log(mn)}\right) \leqslant (mn)^{-2} \tag{4-24}$$

因此，有

$$\begin{aligned}
&\Pr\left(d_{n+1}(n) < \log^3 n\right) \\
&= \sum_{i=0}^{\log^3 n-1} \Pr(d_{k+1}(n)=i) \\
&\leqslant \Pr\left(D_k - 2k \geqslant 3\sqrt{mn\log(mn)} + 2\sqrt{kmn} - 2k\right) \\
&\quad + \sum_{i=0}^{\log^3 n-1} \sum_{j=0}^{5\sqrt{kmn\log(mn)}} \left(\Pr(D_k - 2k = j)\Pr(d_{k+1}(n) = i \mid D_k - 2k = j)\right) \\
&\leqslant (mn)^{-2} + \sum_{i=0}^{\log^3 n-1} \Pr(d_{k+1}(n) = i \mid Dk - 2k = 5\sqrt{mn\log(mn)}) \\
&\leqslant (mn)^{-2} + \sum_{i=0}^{\log^3 n-1} \frac{5\sqrt{mn\log(mn)} + i - 1}{2mn - 2k - 5\sqrt{mn\log(mn)} - i + 1} \\
&\in O\left(\frac{\log^4 n}{\sqrt{n}}\right)
\end{aligned} \tag{4-25}$$

其中，$k \in O(n^{1/3})$。

采用联合边缘概率可知，$G(nm, 1)$ 中前 $(mn)^{0.3}$ 有 $1 - O(\log^4 n / n^{1/2})$ 的概率，其度值大于 $\log^3 n$。得证。 □

引理 4-6 对于 BA 无标度网络 $G(n, m)$，若节点 v 的度为 d_v，则其与节点 i 建立连接的概率不大于 $\max(d_v, \log^3 n) / (2(i-1))$。

证明 本部分分两种情况进行证明。

(1) 若节点 i 晚于节点 v 加入网络，则 i 时刻，网络中存在边数为 $m(i-1)$。

此时，i 与 u 建立连接的概率为 $md_v/(2m(i-1))=d_v/(2(i-1))$。

(2) 若节点 i 早于节点 v 加入网络，则在 v 时刻，由引理 4-3～引理 4-5 可知，节点 i 的度最多不超过 $t^{0.5}i\log^3 n$，网络中的总度数为 $2(v-1)m$。因此，根据联合边缘概率，有 i 和 v 建立连接的概率为

$$\frac{\sqrt{t}}{2\sqrt{i(t-1)}}\log^3 n\leqslant\frac{\log^3 n}{2(i-1)} \tag{4-26}$$

综上，得证。□

引理 4-7　对于 BA 无标度网络 $G(n,m)$，若节点 u,v 的度均小于 $\log^3 n$，则 $|F_u\cap F_v|<8$。

证明　由引理 4-5 可知，节点 u 和 v 都于 $n^{0.3}$ 时刻之后加入网络。若 a，b 为常数，满足 $0.3<a<b<1$，且 $b<1.5a-\varepsilon$，$\varepsilon>0$。根据引理 4-5，设 $a=0.3$，不难得出 u 和 v 与 n^a 和 $n^{1.5a-\varepsilon}$ 时刻间加入网络的节点同时建立不多于两个连接的概率为 $1-n^{-\varepsilon}$。同时，u 和 v 与 $n^{1.5a-\varepsilon}$和 $n^{9a/4}$ 时刻间及 $n^{9a/4}$ 和 $n^{27a/8}>n$ 时刻间建立不多于两个连接的概率为 $1-n^{-\varepsilon}$。因此，节点 u 和 v 与晚于 $n^{0.3}$ 共同建立不超过 6 个连接，下面将进行证明。

由引理 4-6 可知，对于 i 时刻加入的节点 i，其同时与节点 u 和 v 建立连接的概率为

$$\left(\frac{\log^3 n}{2(i-1)}\right)^2 \tag{4-27}$$

同理，节点 i，j，k 同时与节点 u 和 v 建立连接的概率为

$$\frac{\left(\log^3 n\right)^6}{\left(2(i-1)2(j-1)2(k-1)\right)^2} \tag{4-28}$$

因此，网络中所有三个点的组合同时与节点 u 和 v 建立连接的概率为

$$\begin{aligned}&\log^{18} n\sum_{i=n^a}^{n^b}\sum_{j=n^a}^{n^b}\sum_{k=n^a}^{n^b}\frac{1}{\left((i-1)(j-1)(k-1)\right)^2}\\&\leqslant\log^{18} n\left(\frac{1}{n^a}-\frac{1}{n^b}\right)^3\end{aligned} \tag{4-29}$$

采用联合边缘概率可知，u 和 v 共同建立多于 3 个连接的概率不超过

$$n^{2b-3a}\log^{18} n=n^{-2\varepsilon}\log^{18} n \tag{4-30}$$

综上，得证。 □

由引理 4-7 可知，当已知给定 9 个好友时，可正确区分任何一个用户。因此，给定 9 个已知共同好友，FRUI 算法可以正确识别出关联用户。

定理 4-3 FRUI 可以正确识别所有度不小于 $4|\mathcal{P}|\log^2 n/(s^2 n)$ 的节点。

证明 考虑待挖掘的关联用户 (U_i^A, U_j^B)，且其原始节点的度 $d_j \geqslant 4|\mathcal{P}|\log^2 n/(s^2 n)$，则其已知关联用户数为 $d_j|\mathcal{P}|s^2/n$。采用 Chernoff 边界理论，易知

$$\begin{aligned}
&\Pr[d_j|\mathcal{P}|s^2/n < 7/8] \\
&\leqslant \mathrm{e}^{-d_j|\mathcal{P}|s^2/128n} \\
&\leqslant \mathrm{e}^{-\log^2 n/32} \\
&= \frac{1}{n^{\log n/32}}
\end{aligned} \tag{4-31}$$

因此，待挖掘的关联用户 (U_i^A, U_j^B) 的已知共同好友数不少于 $7d_j|\mathcal{P}|s^2/(8n)$。

考虑待挖掘的非关联用户 U_i^A 和 U_j^B。在 $t < n$ 时刻，U_i^A 的原始节点 i 的度为 $d_i(t) \leqslant (2/3+\varepsilon)d_i$，其中，$\varepsilon \in (0, 1)$为一个极小小数。若节点 i 的所有好友都为节点 j 的所有好友，则非关联用户 U_i^A 和 U_j^B 的已知共同好友数不多于$|\mathcal{P}|d_i(t)s^2/n$。对于在 t 时刻之后加入的新节点，其与 j 建立连接的概率不高于 $d_j/(2mt)$。由于 $d_j \leqslant O(n^{1/2})$，因此，i 的好友同时是 j 的好友的概率为 $o(1/n^{1/2-\varepsilon})$。对于 t 时刻之后加入的新节点，非关联用户 U_i^A 和 U_j^B 的已知共同好友数不多于$|\mathcal{P}|d_i s^2/n^{3/2-\varepsilon}$。合计非关联用户 U_i^A 和 U_j^B 的已知共同好友数不多于$(2/3+\varepsilon)|\mathcal{P}|d_i s^2/n$。采用 Chernoff 边界理论，非关联用户 U_i^A 和 U_j^B 的已知共同好友数最少为 $7d_j|\mathcal{P}|s^2/(8n)$的概率不超过

$$\mathrm{e}^{-(3/4)d_i|\mathcal{P}|s^2/64n} = \mathrm{e}^{-3\log^2 n/64} \leqslant \frac{1}{n^{3\log n/64}} \tag{4-32}$$

综上，待挖掘的关联用户 (U_j^A, U_j^B) 的已知共同好友数有大概率不少于 $7d_j|\mathcal{P}|s^2/(8n)$，非关联用户 U_i^A 和 U_j^B 的已知共同好友数有大概率不多于 $7d_j|\mathcal{P}|s^2/(8n)$。因此，原始节点的度 $d_j \geqslant 4|\mathcal{P}|\log^2 n/(s^2 n)$时，FRUI 可以区分关联用户和非关联用户。 □

4.7 实 验 分 析

本节将通过人工网络和真实网络验证 FRUI 算法的效率。实验所用计算机的硬件配置为 8G 内存和 2.8GHz GPU。

本节使用 NS 算法作为对照算法，其主要原因在于 NS 算法是与 FRUI 算法最

接近且效果最好的算法。不失一般性，在 NS 算法中，其离心率阈值设定为 0.5。

4.7.1　人工数据集实验

本部分验证 FRUI 算法在 ER 随机网络[77]、WS 小世界网络[78]和 BA 无标度网络[79]中的性能。图 4.5 为以上三种人工网络的度分布。

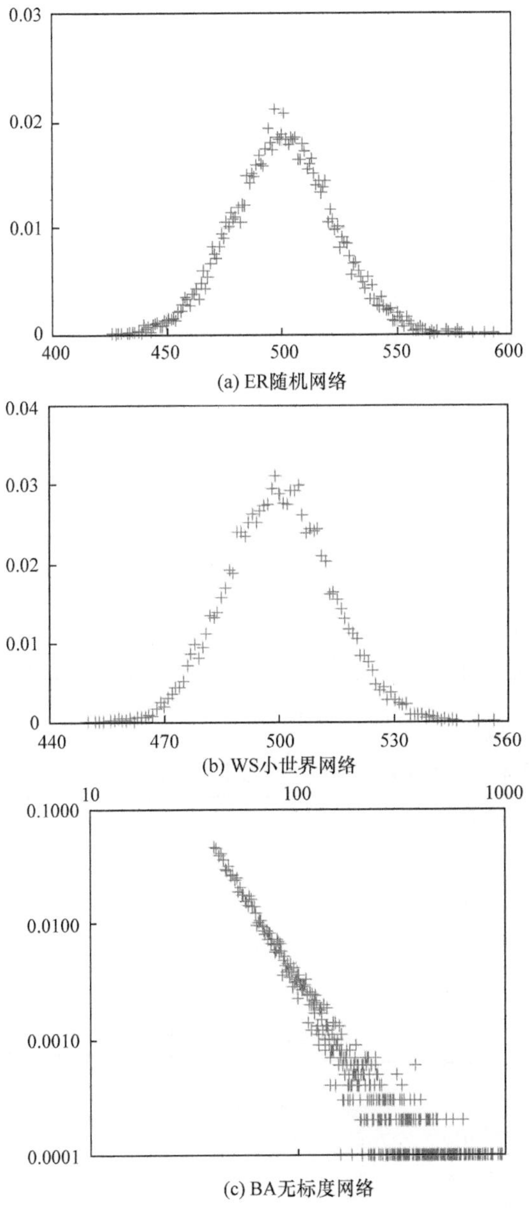

图 4.5　人工网络的节点度分布

不难看出，ER 网络、WS 网络和 BA 网络的节点度分别服从正态分布、钟型分布和幂律分布。在形状上，ER 网络的正态分布和 WS 网络的钟型分布形似，这主要是因为 ER 网络和 WS 网络都是从标准随机网络演化而来。在一个标准随机网络中，若每一条边以一定的概率重新连接，当该概率为 1 时，所有边都进行重新连边，此时形成的网络为 ER 网络；当该概率值大于 0 且小于 1，生成 WS 网络。在实验中，不失一般性，标准随机网络生成 WS 网络时，每条边重连的概率为 0.5。

针对每个人工网络，分别进行 10 组网络实验。在 ER 网络和 WS 网络实验中，首先生成 5 个分别包含 5000 节点和 10000 节点，且标准随机网络中任何两个节点建立连接的概率 p 分别为 0.05，0.1，0.2，0.3 和 0.4 的标准随机网络，而后，对 10 个网络的边依概率重连分别生成 10 个 ER 网络和 10 个 WS 网络。在 BA 无标度网络中，生成 5 个分别包含 10000 节点和 20000 节点，且新节点加入网络时新生成的边数 m 分别为 20，40，60，80 和 100。为此，生成 30 个人工网络，而后对每个网络中的每条边以 $s_a = s_b = 0.4$ 进行抽样，形成 30 对人工实验网络。

表 4.2 为 ER 人工网络的实验结果。不难看出，在给定 2%关联用户作为先验关联用户的情况下，FRUI 几乎可以识别出所有的关联用户。表 4.3 为 FRUI 算法在 WS 网络中的实验结果。跟 ER 网络中的实验结果类似，当先验关联用户占比 2%时，FRUI 能识别出不少于 75.9%的关联用户；当先验关联用户占比 5%时，FRUI 能识别出不少于 96.1%的关联用户。表 4.4 显示 FRUI 算法同样适用于 BA 网络。当先验关联用户占比 5%时，FRUI 算法可以识别出不少于 89.4%的关联用户。

表 4.2　FRUI 算法在 ER 网络中的召回率，$s_a = s_b = 0.4$

网络节点数	先验关联用户占比	$p = 0.05$	$p = 0.1$	$p = 0.2$	$p = 0.3$	$p = 0.4$
5000	0.01	0.985	0.998	0.994	0.017	0.004
	0.02	1	1	1	1	0.997
	0.03	1	1	1	1	1
	0.04	1	1	1	1	1
	0.05	1	1	1	1	1
10000	0.01	1	1	1	1	1
	0.02	1	1	1	1	1
	0.03	1	1	1	1	1
	0.04	1	1	1	1	1
	0.05	1	1	1	1	1

表 4.3　FRUI 算法在 WS 网络中的召回率，$s_a = s_b = 0.4$

网络节点数	先验关联用户占比	$p = 0.05$	$p = 0.1$	$p = 0.2$	$p = 0.3$	$p = 0.4$
5000	0.01	0.040	0.023	0.017	0.009	0.008
	0.02	0.759	0.928	0.993	0.991	0.993
	0.03	0.780	0.984	0.998	0.998	1
	0.04	0.964	0.994	0.999	1	1
	0.05	0.961	1	1	1	1
10000	0.01	0.027	0.052	0.997	0.997	0.991
	0.02	0.899	0.997	1	1	1
	0.03	0.993	1	1	1	1
	0.04	0.998	1	1	1	1
	0.05	0.999	1	1	1	1

表 4.4　FRUI 算法在 WS 网络中的召回率，$s_a = s_b = 0.4$

网络节点数	先验关联用户占比	$m = 20$	$m = 40$	$m = 60$	$m = 80$	$m = 100$
10000	0.01	0.012	0.008	0.008	0.013	0.012
	0.02	0.637	0.980	0.983	0.977	0.962
	0.03	0.813	0.990	0.994	0.991	0.992
	0.04	0.882	0.996	0.998	0.998	0.996
	0.05	0.894	0.998	0.999	0.998	0.998
20000	0.01	0.834	0.975	0.053	0.936	0.888
	0.02	0.889	0.994	0.998	0.997	0.996
	0.03	0.909	0.997	0.999	1	1
	0.04	0.916	0.998	1	1	1
	0.05	0.919	0.999	1	1	1

综上所述，在给定 5%关联用户作为先验关联用户的情况下，FRUI 在 ER、WS 和 BA 三种人工网络中几乎可以识别出所有的关联用户。因此，FRUI 可以在给定一小部分先验关联用户的情况下挖掘关联用户。

本部分接着开展了 FRUI 算法和 NS 算法在三个人工网络上的性能对比实验。图 4.6 为 FRUI 算法和 NS 算法在三种人工网络上的关联用户识别效果对比图。图 4.6(a)和(b)分别为 $p = 0.05$ 下两种算法在 1000 个节点和 5000 个节点的 ER 网络和 WS 网络中的实验效果对比。在 10000 个节点的 ER 和 WS 实验中，当先验关联用户占比 2%时，FRUI 算法和 NS 算法都几乎识别出了所有关联用户，因此，其实验对比结果不进行展示。图 4.6(c)为两种算法在 m=20 的 BA 网络中的实验对比结果。不难看出，当给定更多的先验关联用户时，FRUI 算法和 NS 算法的识别效果会变得更好。同时，在给定相同先验关联用户的情况下，FRUI 算法比 NS 算法能识别出更多的关联用户(召回率更高)。图 4.6(d)为 FRUI 算法和 NS 算法在 1000 个节点的 ER 网络和 WS 网络和 10000 个节点的 BA 网络中的识别准确率对比。显然，在相同先验关联用户的情况下，FRUI 算法比 NS 算法的识别精确率更高。

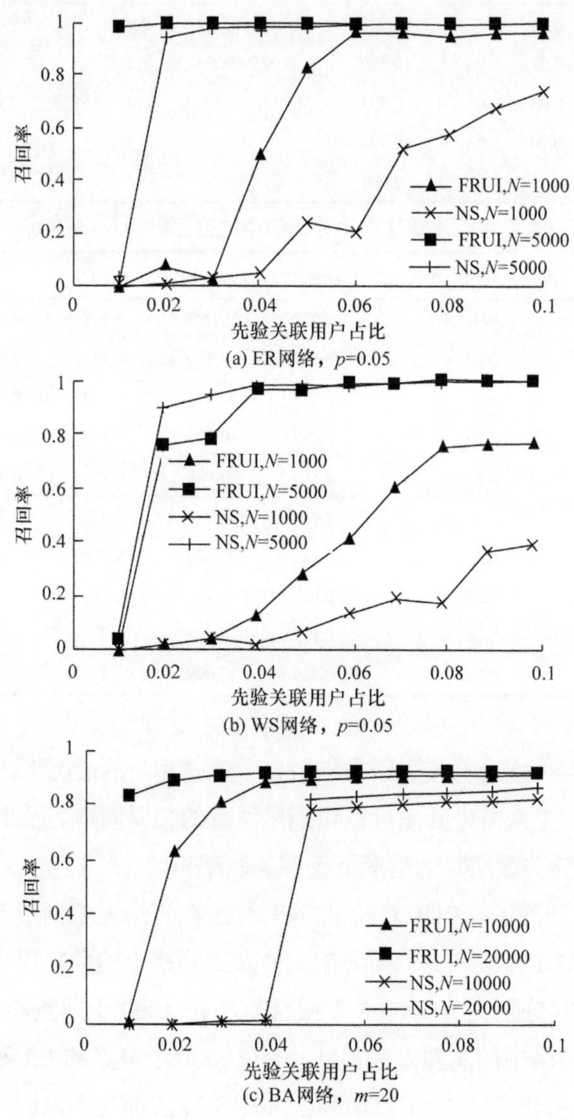

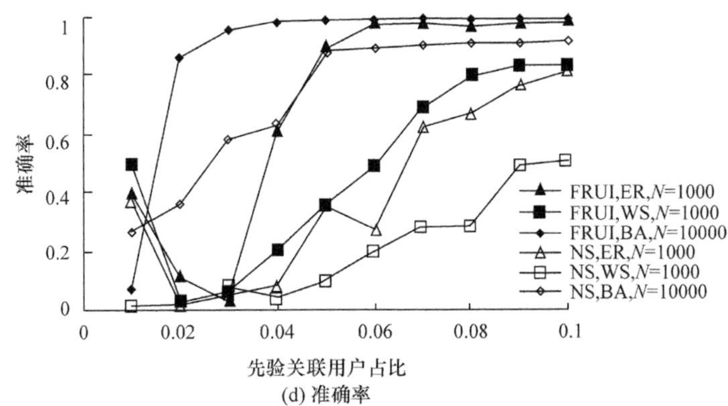

(d) 准确率

图 4.6　FRUI 算法和 NS 算法在人工网络数据集中的性能对比

本部分还对比验证了 FRUI 算法和 NS 算法在不同网络密度下的性能对比。图 4.7 为 FRUI 算法和 NS 算法在给定 5%先验关联用户情况下的召回率和准确率对比。显然，FRUI 算法比 NS 算法能够在更高精确度情况下识别出更多的关联用户，尤其是 BA 网络。图 4.7(a)和(b)显示虽然降低 NS 算法的离心率阈值可以提升 NS 算法的召回率，但是其精确度将降低。综上可知，FRUI 算法在三个人工网络中的关联用户识别性能都优于 NS 算法。

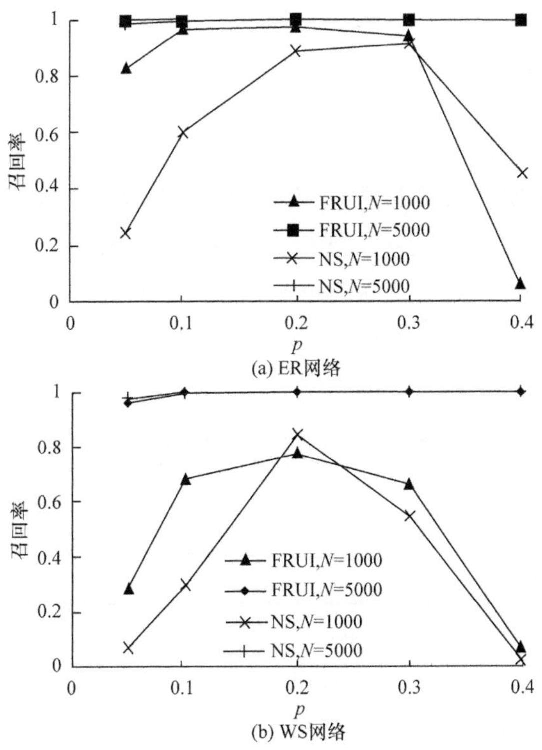

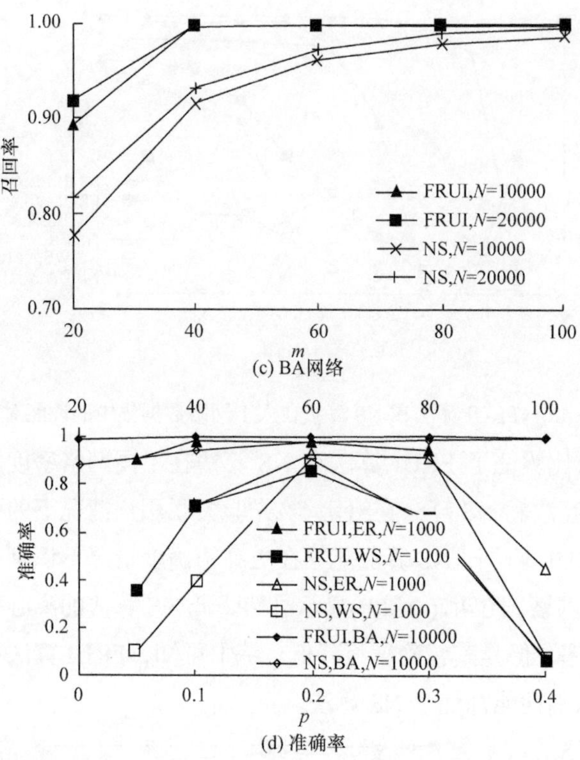

(c) BA网络

(d) 准确率

图 4.7　FRUI 算法和 NS 算法在人工网络数据集中的性能对比

4.7.2　真实数据集实验

本部分将在真实数据集中验证 FRUI 算法的关联用户识别性能。为了验证 FRUI 算法可以适用于不同的社交网络，本书收集了两个异构社交网络的数据：新浪微博和人人网。人人网数据直接使用人人网开放 API 抓取。受新浪微博开放 API 的使用限制，新浪微博的数据从新浪微博的好友搜索页面抓取。表 4.5 为两个社交网络的数据统计。

表 4.5　真实网络数据集统计信息

网络	节点数	好友关系数	平均好友数
新浪微博	117 万	190 万	3.2
人人网	550 万	146 万	5.3

其中，新浪微博包含 117 万用户和 190 万好友关系，用户平均好友数为 3.2；人人网包含 550 万用户和 146 万好友关系，用户平均好友数为 5.3。显然，人人网比新浪微

博的网络结构更稠密。图 4.8 为两个网络的度分布，两个网络的度都服从幂律分布。

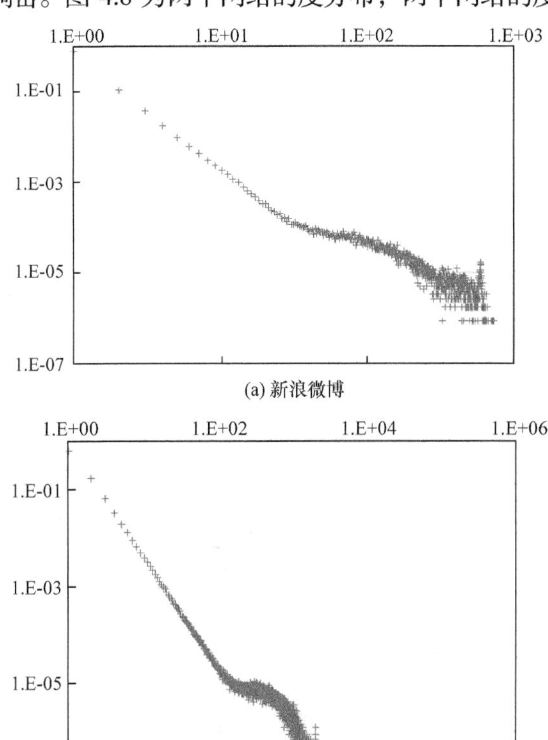

(a) 新浪微博

(b) 人人网

图 4.8　真实网络数据集度分布

为了验证 FRUI 算法在真实网络数据集中的性能，本章生成了一系列的实验网络组。首先从真实网络中选取一个不少于 5 万节点的子网络，而后采用抽样的方式形成一对实验网络。对于一对网络，使用 Jaccard 系统评价其节点和好友关系的重叠度，也即

$$\text{overlap}(X,Y)=\frac{|X\cap Y|}{|X\cup Y|} \tag{4-33}$$

其中，X 和 Y 为两个社交网络的节点或者好友关系。当两个网络有 2/3 的关联用户时，这两个网络的用户重叠度为 0.5。显然，好友关系重叠度还受用户重叠度的影响。

在实验中，随机选取一定量的关联用户作为先验关联用户，然后分别执行 FRUI 算法和 NS 算法。先验关联用户的占比将从 0.01 以 0.01 的增量逐步增加到 0.1。由于两个真实网络数据的平均好友数都较低，因此实验中选择好友数量不少

于 θ 的用户作为关联用户。实验中，θ 值以 20 的增量从 20 逐步增加到 100。

图 4.9(a)为 FRUI 算法和 NS 算法在 $\theta=80$ 时的召回率对比。在新浪微博数据集中，FRUI 算法在给定 5%的先验关联用户情况下可以识别 50%的关联用户，而 NS 算法在给定 10%的先验关联用户情况下识别不到 40%的关联用户。在人人网数据集中，FRUI 算法依然能够识别出更多的关联用户。显然，FRUI 算法具有更好的性能。图 4.9(b)显示 FRUI 算法的准确率一样优于 NS 算法。图 4.9(c)为两种算法的运行时间对比。跟理论分析一致，FRUI 算法的运行效率要明显高于 NS 算法。图 4.9(d)对比了 FRUI 算法和 NS 算法在给定 8%先验关联用户下，不同 θ 值的实验对比。在所有情况下，FRUI 算法的召回率都高于 NS 算法。在新浪微博数据集中，FRUI 算法的召回率为 0.5，远大于 NS 算法的 0.3。在人人网数据集中的实验结果也类似。因此，FRUI 算法更适用于真实网络的关联用户挖掘。

图 4.9(a)和(c)还进一步显示：FRUI 算法和 NS 算法在人人网中的性能要优于新浪微博。这主要是因为新浪微博和人人网都是稀疏网络，依据第 4.5 节的理论分析，在稀疏网络中，相对稠密的网络将更有利于关联用户挖掘。

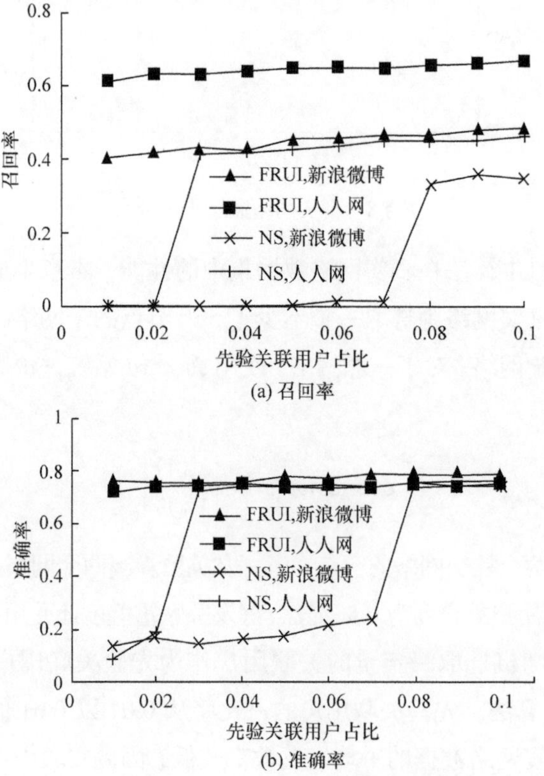

(a) 召回率

(b) 准确率

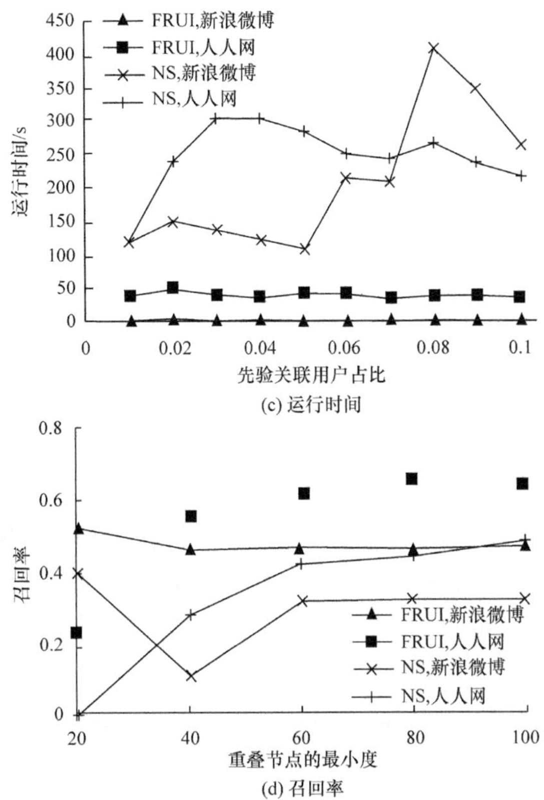

(c) 运行时间

(d) 召回率

图 4.9　FRUI 算法和 NS 算法在新浪微博和人人网数据集中的性能对比

节点重叠度为 33%，好友关系重叠度为 33%

图 4.10 为新浪微博和人人网中两个好友之间的共同好友数分布。不难看出，共同好友分布服从指数分布。也就是说，现实世界中，好友关系的两个用户之间的共同好友数一般比较有限，且很多人的好友数也比较有限。这些因素直接导致了 NS 算法在关联用户识别上不如 FRUI 算法。

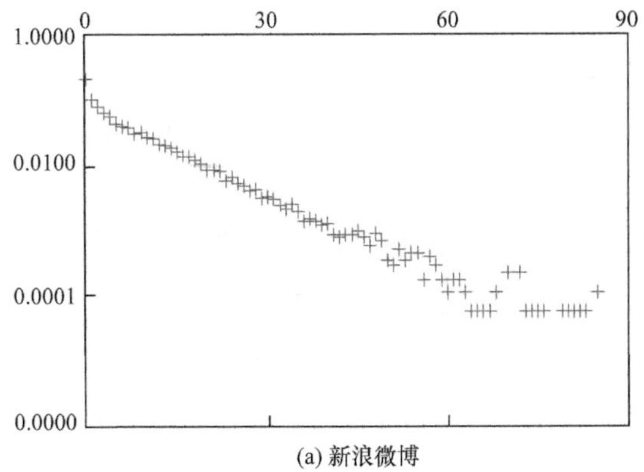

(a) 新浪微博

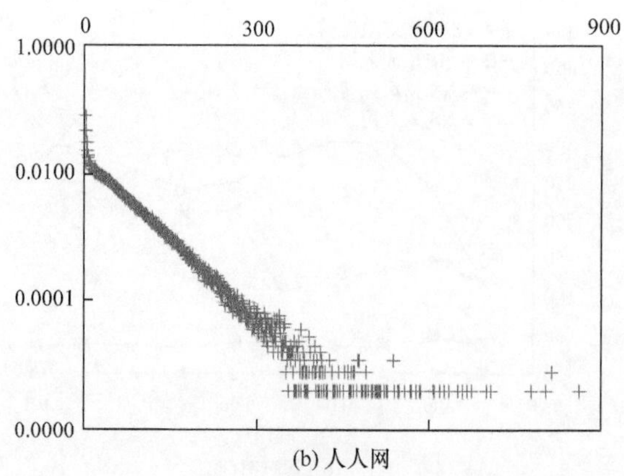

(b) 人人网

图 4.10 新浪微博和人人网中好友关系两个用户共同好友数分布

同时，我们还开展了相关实验以观察不同噪声(不同用户重叠度和好友关系重叠度)对 FRUI 算法的影响。图 4.11 显示随着噪声的增大(重叠度降低)，FRUI 算法的关联用户识别效果变差。尽管如此，FRUI 算法依然能够在较低重叠度下识别相当一部分关联用户。

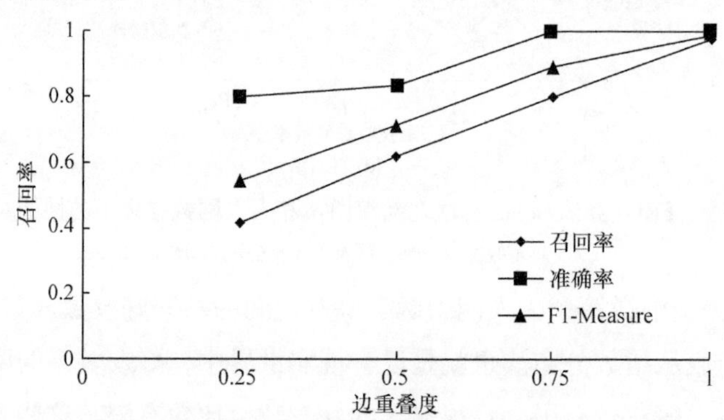

图 4.11 噪音对 FRUI 算法的影响

用户重叠度为 33%，先验关联用户占比为 3%

最后，在新浪微博和人人网上开展了关联用户识别的实验。在实验中，首先选取一部分关联用户作为种子节点，采用广度优先遍历找取两层该种子节点的好友，形成一对网络(一个为新浪微博好友网络，一个为人人网好友网络)。在实验中，种子节点及其好友都限定在中国人民大学的用户群众。而后手动标记 150 个关联用户为先验关联用户。在此基础上，运行 FRUI 算法和 NS 算法以进行关联用户识别效果对比。由于两个网络中的关联用户数量无法知道，因此，本章通过随机选取 300 个识别出的关联用户并通过人工判断识别准确率对比 FRUI 算法和

NS 算法的性能。表 4.6 为实验结果对比数据。FRUI 算法和 NS 算法都只输出了一部分的关联用户。这主要是因为两个网络中存在大量只有一个好友的用户，仅通过好友关系无法识别这些用户的关联用户。然而，实验数据表明 FRUI 算法比 NS 算法以更高的准确率识别出了更多的关联用户。因此，FRUI 算法在新浪微博和人人网的关联用户识别中更胜于 NS 算法。

表 4.6　FRUI 算法和 NS 算法在新浪微博和人人网数据集中关联用户识别性能对比

实验组序和实验网络节点数			识别出的关联用户		准确率	
			FRUI	NS	FRUI	NS
1	新浪微博	7926	1962	691	0.453	0.203
	人人网	26422				
2	新浪微博	7131	1645	598	0.427	0.173
	人人网	24052				
3	新浪微博	7733	1734	713	0.430	0.217
	人人网	24893				

4.8　在知识管理中的应用

社交网络以不同的形式影响一个企业的方方面面，从营销[99]到招聘[100]再到运营[101]。因此本部分仅从知识管理的角度讨论社交媒体的所有组织影响，主要讨论社交网络融合，更具体地是 FRUI 对企业知识管理[102]的重要作用。如何在正确的时间为正确的人提供正确的信息是企业信息系统的重要内容，也是企业竞争优势的重要来源[103]。麦肯锡估计：社交网络可能对企业产生 1.3 万亿美元的影响，其中大部分来自知识工作者的生产率提高[104]。因此，知识管理是社交网络对企业最重要的影响之一。

过去几十年，受信息技术手段[105, 106]和企业内部或者社会外在[107]等因素的影响，企业知识管理大多没有达到预期目标。社交网络平台为解决传统知识管理所存在的问题提供了新的机遇。例如，利用社交网络的透明性可以解决早期知识管理中以实体形式传递知识的限制[108]，再如，社交网络的透明度可以无意识地获知企业中谁是领域专家等知识，也称为环境意识的现象[109]。同时，社交网络也可有利于解决早期企业知识管理工具所存在的问题[107]，例如，通过对成员在社交网络的交互进行“数字追踪”以解决人员激励问题[110]，又如，通过电子邮件、日历数据和公共博客帖子等的数字交互，自动构件知识概要[111]。

人们可以随时随地通过浏览器、手机等方式访问社交网络平台。社交网络打破了传统知识管理的界限，使得知识管理从企业内部扩展到了社交网络的范畴(图 4.12)。

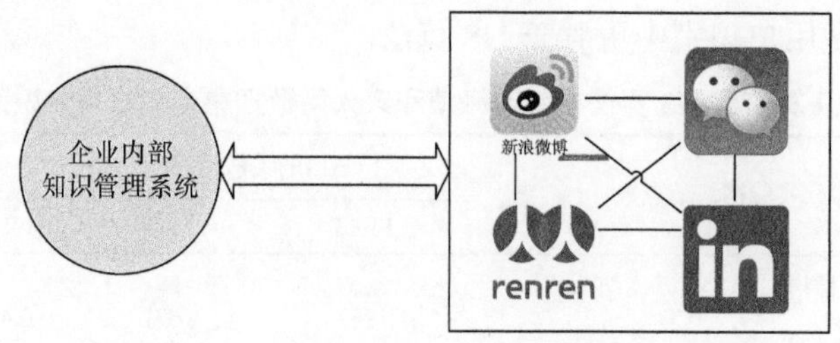

图 4.12 社交网络环境下的知识管理

一方面，企业通过利用社交网络降低了知识管理系统的 IT 费用；另一方面，企业需要加强技术手段追踪员工在社交网络上的知识。无疑，在社交网络环境下，企业知识管理面临的首要问题在于如何实现企业内部信息系统和社交网络的融合以及如何追踪员工在不同社交网络的知识行为。

通过部分员工入职时所提供的社交网络账号即可完成对某些社交网络某些用户知识行为的追踪。然而，如何实现全部企业员工在社交网络中知识行为的追踪，以及随着企业员工的变迁快速反应企业新员工在社交网络中的知识行为已成为社交网络环境下企业知识管理的重要问题。因此，通过少数员工在某个或某些社交网络的账户信息，追踪企业所有员工在社交网络中的知识行为已成为当前企业知识管理的重要技术问题。FRUI 算法通过在给定一定先验用户的情况下，可以在大规模社交网络中实现社交网络的融合，为企业快速、准确、全面获取知识提供了重要的技术手段。

综上所述，本章所提出的 FRUI 将为在社交网络环境相对稳定情况下，知识管理如何快速应变企业内部人员变化提供重要的解决途径。

4.9 本章小结

本章针对现有基于属性的关联用户挖掘算法存在的不健壮问题，提出一种基于好友关系的全新关联用户解决方案。作为社交网络核心内容的重要组成部分，网络结构的重要性在关联用户挖掘中很少被用到。本章首先提出了一种基于网络结构的关联用户挖掘的统一框架；接着给出了一种基于好友关系的半监督关联用户挖掘方法——FRUI，为了提高 FRUI 算法的效率，本章给出了两个命题；最后在三个人工网络和两个真实网络中验证了 FRUI 算法的性能。

本章的实验结果表明：网络结构作为社交网络的重要属性之一，可用于关联用户挖掘。FRUI 算法在理论上简单且高效，实验结果也证明比 NS 算法具有更好的关联用户识别性能。因此，在用户属性稀疏、不完整或者因隐私保护而无法获取的情况，FRUI 算法是一个很有效的可选关联用户解决方案。

虽然 FRUI 首次提出了基于好友关系的关联用户识别算法，但仍存在一些问题和可改进方案，包括以下几点。

(1) FRUI 算法的识别性能受先验关联用户集合数量和质量的影响。

(2) 在无法通过计算机识别先验关联用户的情况下，需要进行人工标记先验关联用户，这是一个极为繁复的工作。

(3) FRUI 算法考虑候选关联用户已知共同好友的数量，但不同好友对关联用户识别的权重可能不一样。

第5章 基于好友关系的无监督关联用户挖掘

社交网络(SN)公开信息稀疏性、不一致性和虚假性使得基于用户属性的关联用户挖掘方法易受攻击。鉴于网络结构的相对稳定性和数据可获取性，许多研究开始探索基于网络结构的关联用户挖掘方法。然而，现阶段基于网络结构的解决方案大多为有监督或半监督的方法，需要事先给定一定量的先验关联用户，且识别效果受先验关联用户数量和质量的影响。在某些情况下，先验关联用户无法进行智能获取，需要进行人工手动标记，其工作极其费力、繁复。考虑到朋友关系在不同 SN 中的可靠性和一致性，本章提出了一种基于好友关系的无需先验知识的关联用户挖掘方法(friend relationship-based user identification without prior knowledge，FRUI-P)[112]。FRUI-P 是一个无监督关联用户挖掘方法，首先根据 SN 的好友关系网络将每个用户的好友特征提取为好友特征向量，然后通过好友特征向量计算两个 SN 之间的所有候选关联用户的相似度，而后根据相似度建立一种一对一匹配的关联用户识别模型，最后从理论上证明了 FRUI-P 算法的效率。大量的实验结果表明，FRUI-P 比现有基于网络结构的无监督关联用户挖掘算法具有更好的性能。由于其关联用户识别准确率较高，FRUI-P 还可用于为有监督和半监督关联用户挖掘方法提供先验关联用户。

5.1 引　　言

早期，研究人员根据 email 地址的唯一性建立“Find Friend”机制[14]来关联不同社交网络中的用户。近年来，随着对用户隐私保护的重视，各社交网络平台先后关闭了 email 地址的可访问性，也使得基于 email 地址的“Find Friend”机制无法使用。为了解决该问题，许多学者基于用户属性、用户行为和网络结构提出了多种关联用户挖掘方法，这些方法从一定程度上解决了关联用户挖掘的难题。近年来，社交网络可获取数据呈现出了稀疏性、不一致性和虚假性，这些特性使得现有关联用户挖掘方法的适用性越来越差，从而催生关联用户挖掘新的技术手段。

社交网络连接(网络结构)分为两类：单向连接和双相连接(好友关系)。由于单向连接并不能代表稳定的、真实的好友关系，将给关联用户挖掘带来“噪音”。而好友关系(微博中的双向关注关系)需要连接双方的用户进行共同确认，具有稳定性和一致性，也将更适用于关联用户挖掘。然而，现阶段基于网络结构的关联用户挖掘方法都是有监督或者半监督的，需要一定量的先验关联用户才能执行。通常，先验关联用户的获取方法有：①通过用户个人信息发布平台(如 Google+和 About.me 等)上所公开的不同社交网络的地址进行获取；②通过用户个人资料、用户内容和用户好友等进行人工或者机器标注。在后一种方法中，人工标注先验关联用户是一项极其烦琐的工作。而且，有监督和半监督关联用户挖掘方法的性能往往受先验关联用户数量和质量的影响。例如，当所有的先验关联用户是社交网络中一个密切联系的团(或簇)时，现有基于网络结构的关联用户挖掘方法往往只能识别出极小一部分的关联用户。显然，基于无监督的关联用户挖掘方法可以从一定程度上解决现有方法对先验关联用户的依赖。

目前，neighbor matching(NM)[65]是唯一基于网络结构且跟关联用户识别相关的无监督算法。虽然NM算法在去匿名化问题上具有极高的效率并赢得了 WSDM2013 数据挑战赛“去匿名化”项目的冠军[66]，但在关联用户识别上的效果较差。为此，本章探索一种基于好友关系的无监督关联用户挖掘方法。跟第 4 章一样，无特殊说明，本章中所说的网络结构指用户间的好友关系，并忽略单向关注关系。虽然本章所提方法只能识别社交网络中的一部分关联用户，但是可以协同其他关联用户挖掘方法以获取更好的关联用户挖掘效果。本章的主要贡献包括以下几点。

(1) 提出一种新的基于好友关系的无需先验知识的关联用户挖掘方法 FRUI-P。FRUI-P 从社交网络的好友关系中提取多维用户好友特征，接着基于好友特征向量计算候选关联用户的匹配度，最后基于匹配度建立关联用户识别模型。由于 FRUI-P 考虑了多维用户好友特征，而 NM 只考虑一维用户好友特征，所以 FRUI-P 算法具有更好的关联用户识别效果。此外，FRUI-P 是一个无监督算法，不需要先验关联用户，因此 FRUI-P 可以作为 FRUI 等有监督或半监督关联用户挖掘算法的先验关联用户集合识别模型。

(2) 提出一种面向关联用户挖掘的好友特征学习模型。受自然语言处理领域词向量(Word2Vec)[113]的启发，本章提出了一种好友特征向量模型(friend feature vector model，FFVM)。虽然词向量已广泛应用于计算两个词之间的相似度，但还没有研究将其应用于跨网络任务。FFVM 首次探索了词向量在跨平台研究中的应用，实验结果论证了其性能。

(3) 讨论了 FRUI-P 的性能以及提升 FRUI-P 关联用户识别效果的策略。从理论上论证了 FRUI-P 比 NM 算法具有更高的运行效率，并引入三个参数来提升 FRUI-P 关联用户识别的效果和一个参数来保证 FRUI-P 关联用户识别的准确率。

(4) 实证了 FRUI-P 关联用户识别的效果。在 ER 随机网络[77]、WS 小世界网络[68]、BA 无标度网络[79]以及新浪微博和人人网上对 FRUI-P 进行了实验验证。实验结果表明 FRUI-P 在关联用户挖掘上各方面性能都优于 NM 算法。由于“去匿名化”方法跟关联用户挖掘具有一定的相似性，因此 FRUI-P 一样也能用于解决“去匿名化”问题。

5.2 相 关 工 作

在没有先验关联用户的情况下，基于网络结构的关联用户挖掘是一个极富挑战性的工作。目前，NM 算法[65]是已知最相关的基于网络结构的无监督算法。假定社交网络 SN^A 和 SN^B 都有 n 个用户。对于来自 SN^A 和 SN^B 中的两个用户 U_i^A 和 U_j^B，NM 首先定义其相似度 $s(i,j)=s(U_i^A,U_j^B)$。初始情况下，$s^{(0)}(U_i^A,U_j^B)=1$。而后，NM 算法不断迭代更新其相似度 $s(U_i^A,U_j^B)$ 的值。在第 k 次迭代过程中，NM 通过 F_i^A 和 F_j^B 构建了一个完全二分图 $B_{(k+1)i,j}=(F_i^A,F_j^B,F_i^A\times F_j^B)$，图中的每条边 (U_i^A,U_j^B) 的权重为 $s^{(k)}(U_i^A,U_j^B)$。而后，NM 找出 $B_{(k+1)i,j}$ 的最大权重匹配 $M_{(k+1)i,j}$，并依据 $M_{(k+1)i,j}$ 更新 $s(U_i^A,U_j^B)$ 为

$$s^{(k+1)}(U_i^A,U_j^B)=\sum_{(U_{i'}^A,U_{j'}^B)\in M_{i,j}^{(k+1)}} s^{(k)}(U_{i'}^A,U_{j'}^B) \tag{5-1}$$

当正则化后的 s 收敛时，NM 算法计算完全二分图 $B=(U^A,U^B,U^A\times U^B)$的最大权重匹配，并视权重最大的 m 个匹配为关联用户。在 NM 算法中，每次迭代的时间复杂度为 $O(n^2d_{\max}^3)$，其中，$d_{\max}$ 为社交网络中用户的最大好友数。由于社交网络通常是无标度网络，因此有 $d_{\max}\approx n$。此时，NM 算法的复杂度为 $O(n^5)$。虽然 NM 算法已在“去匿名化”问题中极具效率，然而其时间复杂度较高，且在社交网络关联用户识别问题上的效率并没有得到验证。

本章所提出的 FRUI-P 也是一种基于网络结构的无监督关联用户算法，其与

NM 算法和第 4 章的 FRUI 算法的不同主要包括以下几点。

(1) FRUI 为半监督算法，需要先验关联用户，而 FRUI-P 和 NM 为无监督算法，无需先验关联用户。在无先验关联用户的情况下，很难建立两个不同社交网络中用户的相似度模型。NM 采用迭代的方式计算相似度，而 FRUI-P 根据好友关系中提取的好友特征向量计算相似。

(2) NM 针对“去匿名化”问题设计，而 FRUI-P 和 FRUI 旨在解决社交网络关联用户挖掘问题。虽然三种算法都是从两个网络中找出相同的用户，但 NM 算法所针对的两个网络中一个网络是另一个网络的子网。

(3) FRUI-P 和 FRUI 可用于异构社交网络的关联用户识别。社交网络好友关系具有健壮性、可靠性和一致性。FRUI 和 FRUI-P 都将社交网络中的连接转为好友关系，而后针对好友关系进行关联用户识别，因此这两种算法可应用于异构社交网络。

(4) FRUI-P 算法比 NM 算法在关联用户识别上更高效。理论上，FRUI-P 的时间复杂度为 $O(n^2)$，而 NM 算法的复杂度为 $O(n^5)$，显然 FRUI-P 算法比 NM 算法更高效。

(5) FRUI-P 很容易扩展为并行计算模式，而 NM 算法不能应用于并行计算环境。

(6) FRUI-P 的空间复杂度为 $O(xn)$，而 NM 为 $O(n^2)$，其中，x 为一个小整数，代表 FRUI-P 算法中好友特征向量的维度。因此，FRUI-P 算法可以应用于大规模的社交网络。

本章所提的好友特征向量模型与网络嵌入(network embedding)相似。网络嵌入旨在学习网络中节点的潜在向量表示。Perozzi B 等[114]通过将随机游走和自然语言处理中的词向量模型 skipgram 相结合，学习网络中节点的特征向量。Grover A 等[115]通过有偏随机游走提升 deep walk 的性能。Tang J 等[116]通过一阶相似度和二阶提取节点特征向量。Pan S 等[117]通过综合使用节点的网络结构、节点内容和节点标签进行网络嵌入。这些工作都是面向单一网络的应用场景而设计，在跨网络任务中的应用性能还没有得以验证。

5.3　基本设想

通常认为当两个不同社交网络中用户的相似度达到一定阈值时，该两个用户为关联用户。因此，跨社交网络关联用户挖掘的关键和核心问题是候选关联用户的相似度计算。

给定充分的先验关联用户情况下，很多方法可以用于测量两个社交网络中一对候选关联用户的相似度，如 FRUI 算法中的已知共同好友等。然而，在没有先验关联用户情况下，计算候选关联用户的相似性也是一个难题。NM 通过一个迭代过程来计算所有候选关联用户的相似度。从一定程度上说，NM 算法只是计算了候选关联用户一个维度上的相似性。显然，通过多维度计算候选关联用户的相似性将有可能提升关联用户挖掘的效果。

对于真实世界的任何一个人 i，如果其好友特征可以提取并嵌入到特征向量 f_i 中，且其在社交网络 SN^A 和 SN^B 中用户的好友特征分别为 f_i^A 和 f_i^B。由于人们在不同社交网络中有相似的好友关系，因此可以推断 f_i，f_i^A 和 f_i^B 具有极大的相似性。以图 5.1 为例，由于自然人 1 在社交网络 SN^A 和 SN^B 中有相似的好友关系，当抽取并嵌入其在 SN^A 和 SN^B 中用户 U_a^A 和 $U_{a'}^B$ 的好友特征为二维向量 f_a^A 和 $f_{a'}^B$ 中，则 f_a^A 和 $f_{a'}^B$ 在二维平面中将落于相近的点上。因此，很容易通过计算好友特征向量的几何距离来进行关联用户识别。

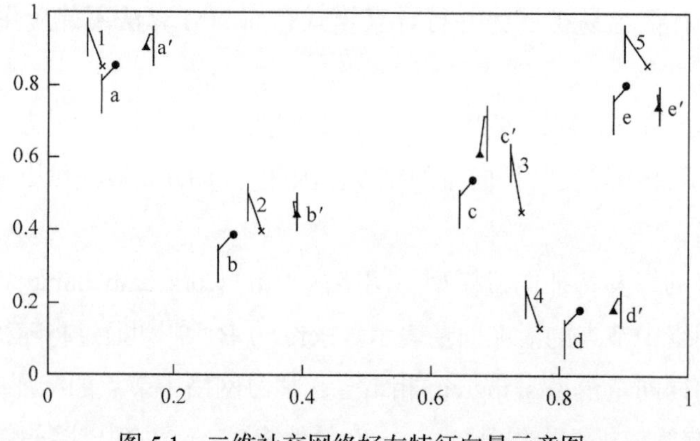

图 5.1　二维社交网络好友特征向量示意图

因此，所提出的基于好友关系的无监督关联用户挖掘算法 FRUI-P 的核心技术包含用户好友特征向量模型和基于好友特征向量的关联用户识别模型。用户好友特征向量模型旨在通过社交网络的好友关系学习提取用户的好友特征向量，为关联用户识别模型提供向量数据。基于好友特征向量的关联用户识别模型旨在通过好友特征向量识别关联用户。

为更好地描述 FRUI-P 算法，本章作如下定义。

定义 5-1　上下文。社交网络 SN 中用户 U_i 的上下文 C_i 或者 $C(U_i)$为一组具有较高概率推测出用户 U_i 的用户。

FRUI-P 使用随机游走来建立用户上下文模型。一个用户在随机游走中可能出现多次，因此一个用户可能具有不止一个上下文。FRUI-P 期望 C_i 具有大概率预测 U_i 且小概率预测 U_j ($U_j \neq U_i$)。为此，FRUI-P 定义了正例样本和负例样本。

定义 5-2　正例样本。在一个社交网络中，给定用户 U_i 的上下文 C_i，则(C_i, U_i)形成一个正例样本。所有的正例样本构成正例样本集合 Z。

定义 5-3　负例用户集合/负例样本。跟正例样本的定义相反，给定用户 U_i 的上下文 C_i，除了 U_i 外的用户形成的集合为构成 C_i 的负例用户集合，表示为 N_i 或 $N(U_i)$。显然，$N_i = U - \{U_i\}$。对于任何用户 $U_j \in N_i$，(C_i, U_j)形成一个负例样本。

定义 5-4　好友特征向量。社交网络 SN 中用户 U_i 的好友特征向量为嵌入其好友特征的 x 维向量，表示为 f_i，其中，x 为事先设定的维度参数。

5.4　好友特征向量模型

传统邻接矩阵具有维度灾难且无法嵌入特征，因此无法应用于跨社交网络的关联用户挖掘。为此，建立好友特征向量模型(friend feature vector model, FFVM)是 FRUI-P 的首要任务。

深度学习是一种通过多个处理层学习并提取数据不能层次表示的计算模型[118]。深度学习的高效性已在许多领域中得以验证。FRUI-P 也使用深度学习提取好友特征向量。具体地，FRUI-P 充分利用了随机游走和词向量(Word2Vec)的理论和方法来构建 FFVM。

图 5.2 给出了 FFVM 的总体结构，包含两个基本内容：正例抽样模型和好友特征向量学习模型。

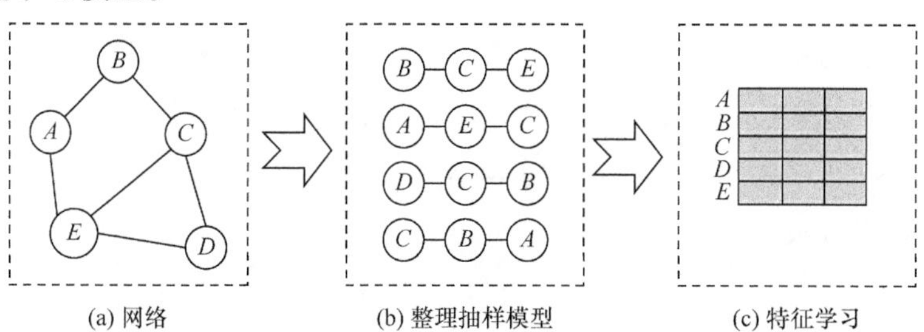

图 5.2　好友特征向量模型总体框架图

5.4.1 正例抽样模型

正例抽样模型旨在从社交网络及其好友关系中生成正例样本集合 S，为好友特征向量学习模型提供训练数据。由于 C_i 可以以较高的概率预测 U_i，U_i 的好友特征可以从 C_i 中提取。随机游走的有效性已经在许多领域中得以验证，如内容推荐、社会表示等。FRUI-P 使用简单随机游走构建正例抽样模型，其主要原因在于带重启的随机游走有偏于起始节点，而蒙特卡罗-哈希随机游走[119]有偏于度较大的节点。

在一次随机游走中，首先随机选取用户 U_{i_1} 作为起始节点。此时 U_{i_1} 也为当前节点。而后，从其好友 F_{i_1} 中随机选取用户 U_{i_2} 作为下一个节点，且 U_{i_2} 成为当前节点。通过不断地随机选取当前节点的某个好友，直到选足 $l>0$ 个用户后，一次随机游走结束，并产生随机游走序列 $(U_{i_1},U_{i_2},\cdots)$。由于好友圈的唯一性，好友可以以较高的概率推测一个用户。同时，间接好友(好友的好友)在关联用户识别中易于引入噪音。因此，从随机游走序列中生成正例样本时，FRUI-P 只考虑好友关系。也即，对于一个随机游走序列 $(\cdots,U_{i_{k-1}},U_{i_{k+1}},\cdots)$，有 $C_{i_k}=\{U_{i_{k-1}},U_{i_{k+1}}\}$。显然，一次随机游走可以生成 l-2 个正例样本。因此，正例样本集合 Z 的生成需要大约$|Z|\,/\,l$ 次随机游走。在实际应用中，Z 应该足够大以确保有充足的正例样本来学习并提取每个用户的好友特征。由于一个用户可以多次出现在简单随机游走中，因此重要节点将可能出现多次并形成多个正例样本。

以图 2.1 为例，若 $(U_a^A,U_c^A,U_b^A,U_d^A,U_b^A)$ 是一次随机游走生成的序列。对于用户 U_c^A，有 $C_c^A=\{U_a^A,U_b^A\}$ 且 $N_c^A\subseteq\{U_a^A,U_b^A,U_d^A,U_e^A\}$。因此，$(C_c^A,U_c^A)$ 是一个正例样本，而 (C_c^A,U_b^A) 是一个负例样本。正例抽样模型为好友特征向量学习模型建立了必要的数据基础。

5.4.2 好友特征向量学习模型

好友特征向量学习模型从正例抽样模型所形成的正例样本集合 Z 中学习并提取每个用户的好友特征向量。FRUI-P 借鉴了自然语言处理领域词向量中的 CBOW 模型，并采用负采样技术以提升训练效率。

首先定义函数

$$E^i(j)=\begin{cases}1, & U_i=U_j\\ 0, & U_i\neq U_j\end{cases} \tag{5-2}$$

其中，U_i 和 U_j 为给定社交网络中的两个用户。

FRUI-P 采用最大似然建立优化函数。对于给定的正例样本(C_i, U_i)，有

$$g(C_i, U_i) = \prod_{U_j \in \{U_i\} \cup N_i} p(U_j \mid C_i) \tag{5-3}$$

其中，$p(U_j|C_i)$为 C_i 可以正确预测 U_j 的概率。FRUI-P 采用 sigmoidal 函数定义 $p(U_j|C_i)$。

若

$$\sigma(x) = \frac{1}{1 + \mathrm{e}^{-x}} \tag{5-4}$$

则有

$$p(U_j \mid C_i) = \begin{cases} \sigma(c_i^{\mathrm{T}} q_j), & E^i(j) = 1 \\ 1 - \sigma(c_i^{\mathrm{T}} q_j), & E^i(j) = 0 \end{cases} \tag{5-5}$$

其中，$q_j \in \mathbb{R}^x$ 为 U_j 的辅助参数，c^{T} 表示矩阵 c 的转置，$c_i \in \mathbb{R}^x$ 是所有好友特征向量 f_j 的累加和，即

$$c_i = \sum_{U_j \in C_i} f_j \text{。} \tag{5-6}$$

为此，公式(5-5)可以重写为

$$p(U_j \mid C_i) = \left[\sigma(c_i^{\mathrm{T}} q_j)\right]^{E^i(j)} \cdot \left[1 - \sigma(c_i^{\mathrm{T}} q_j)\right]^{1-E^i(j)} \tag{5-7}$$

从而，公式(5-3)可以转换为

$$g(C_i, U_i) = \sigma(c_i^{\mathrm{T}} q_i) \prod_{U_j \in N_i} \left[1 - \sigma(c_i^{\mathrm{T}} q_j)\right] \tag{5-8}$$

不难看出，$\sigma(c_i^{\mathrm{T}} q_i)$ 表示 C_i 可以正确预测 U_i 的概率，而 $\sigma(c_i^{\mathrm{T}} q_j)$ 为 C_i 正确预测 $U_j(U_j \in N_i)$的概率。对于 C_i，FRUI-P 期望最大化 $\sigma(c_i^{\mathrm{T}} q_i)$，并最小化 $\sigma(c_i^{\mathrm{T}} q_j)$。为此，形成优化函数(5-8)。

类似地，给定正例样本集合 Z，其最大似然全局优化函数可以表示为

$$G = \prod_{(C_i, U_i) \in S} g(C_i, U_i) \tag{5-9}$$

为了降低计算复杂度，对公式(5-9)取对数，有

$$
\begin{aligned}
L &= \log G = \log \prod_{(C_i,U_i)\in S} g(C_i,U_i) = \sum_{(C_i,U_i)\in S} \log[g(C_i,U_i)] \\
&= \sum_{(C_i,U_i)\in S} \log \prod_{U_j\in\{U_i\}\cup N_i} \left[\sigma(c_i^{\mathrm{T}} q_j)\right]^{E^i(j)} \cdot \left[1-\sigma(c_i^{\mathrm{T}} q_j)\right]^{1\text{-}E^i(j)} \\
&= \sum_{(C_i,U_i)\in S} \sum_{U_j\in\{U_i\}\cup N_i} \left\{E^i(j)\cdot\log\left[\sigma(c_i^{\mathrm{T}} q_j)\right] + \left[1\text{-}E^i(j)\right]\cdot\log\left[1-\sigma(c_i^{\mathrm{T}} q_j)\right]\right\} \\
&= \sum_{(C_i,U_i)\in S} \left\{\log\left[\sigma(c_i^{\mathrm{T}} q_j)\right] + \sum_{U_j\in N_i} \log\left[1-\sigma(c_i^{\mathrm{T}} q_j)\right]\right\} \\
&= \sum_{(C_i,U_i)\in S} \left\{\log\left[\sigma(c_i^{\mathrm{T}} q_j)\right] + \sum_{U_j\in N_i} \log\left[\sigma(c_i^{\mathrm{T}} q_j)\right]\right\}
\end{aligned} \tag{5-10}
$$

FRUI-P 采用异步梯度下降法来优化目标函数。若有

$$
L(i,j) = E^i(j)\cdot\log\left[\sigma(c_i^{\mathrm{T}} q_j)\right] + \left[1\text{-}E^i(j)\right]\cdot\log\left[1-\sigma(c_i^{\mathrm{T}} q_j)\right] \tag{5-11}
$$

采用 sigmoid 函数的性质

$$
\left[\log\sigma(x)\right]' = 1-\sigma(x) \tag{5-12}
$$

和

$$
\left[\log\left(1-\sigma(x)\right)\right]' = -\sigma(x) \tag{5-13}
$$

则有

$$
\begin{aligned}
\frac{\partial L(i,j)}{\partial q_j} &= \frac{\partial}{\partial q_j}\left\{E^i(j)\cdot\log\left[\sigma(c_i^{\mathrm{T}} q_j)\right] + \left[1\text{-}E^i(j)\right]\cdot\log\left[1-\sigma(c_i^{\mathrm{T}} q_j)\right]\right\} \\
&= E^i(j)\left[1-\sigma(c_i^{\mathrm{T}} q_j)\right]c_i - \left[1\text{-}E^i(j)\right]\sigma(c_i^{\mathrm{T}} q_j)c_i \\
&= \left\{E^i(j)\left[1-\sigma(c_i^{\mathrm{T}} q_j)\right] - \left[1\text{-}E^i(j)\right]\sigma(c_i^{\mathrm{T}} q_j)\right\}c_i \\
&= \left[E^i(j)-\sigma(c_i^{\mathrm{T}} q_j)\right]\boldsymbol{c}_i
\end{aligned} \tag{5-14}
$$

为此，q_j 的更新函数为

$$
q_j := q_j + \varepsilon\left[E^i(j)-\sigma(c_i^{\mathrm{T}} q_j)\right]c_i \tag{5-15}
$$

其中，ε 为调整学习效率的参数。ε 越高，q_j 收敛越快，但是学习效果越差。

同理，根据 q_j 和 c_i 的对称性，有

$$
\frac{\partial L(i,j)}{\partial c_i} = \left[E^i(j)-\sigma(c_i^{\mathrm{T}} q_j)\right]q_j \tag{5-16}
$$

由于 c_i 是 $f_v(U_v \in C_i)$ 的和，因此 c_i 的梯度可以直接用于更新 f_v。为此，f_v 的更新函数为

$$f_v := f_v + \varepsilon \sum_{U_j \in \{U_i\} \cup N_i} \frac{\partial L(i,j)}{\partial c_i},\ \ U_v \in C_i \tag{5-17}$$

由于 f_v 的更新需要计算整个负例用户集合 N_i，而 N_i 又近似为社交网络中的所有用户 U。因此，公式(5-17)中 f_v 的更新计算量极大。为了解决该问题，FRUI-P 基于每个用户 U_i 的噪声分布，采用 noise contrastive estimation (NCE)提取多个负例样本，该过程又称负采样(negative sampling, NEG)。相关研究已证实负采样可用于学习高质量的向量表示[113]。

具体地，对于社交网络中的用户 U_i，N_i 可以通过其负采样样本 NEG(U_i)或 NEG_i 近似表示为

$$\text{NEG}_i = \left\{ U_x \mid E_{U_x \sim P_n(v)} \right\}^h \tag{5-18}$$

其中，$\{\cdot\}^h$ 表示集合 $\{\cdot\}$ 的数量，h 表示每个数据样本的负采样数量。公式(5-18)采用逻辑回归区别样本中的 U_i 和噪音分布 $P_n(v)$。根据文献的实验结果，FRUI-P 取 $P_n(v)d_v^{3/4}$，其中，$n=|U|$ 为社交网络中的所有用户数量，d_v 为用户 U_v 的好友数量。为此，对于正例样本(C_i, U_i)，其目标函数转变为

$$\log(g(C_i,U_i)) = \log\left[\sigma(c_i^{\mathrm{T}} q_i)\right] + \sum_{U_j \in \text{NEG}_i} \log\left[\sigma(-c_i^{\mathrm{T}} q_j)\right] \tag{5-19}$$

公式(5-19)中，第一项为针对观测用户的建模，而第二项反映了从噪音分布中提取的负采样样本。因此，f_v 的更新公式优化为

$$f_v := f_v + \eta \sum_{U_j \in \{U_i\} \cup \text{NEG}_i} \frac{\partial L(i,j)}{\partial \boldsymbol{c}_i},\ \ U_v \in C_i \tag{5-20}$$

算法 5-1 给出了 FFVM 的全部过程。其中，第 2 行为每个用户生成负采样样本；第 3 行采用随机赋值的方式初始化 f_i 和 q_i；第 4 行生成正例样本集合 S；第 5～14 行迭代每个正例样本并更新 f_i 和 q_i；第 15 行返回所有用户的好友特征向量。

算法 5-1: Friend Feature Vector Model (FFVM)

输入: SN = (U, F), |Z|, x

输出: f_i, $U_i \in U$

1: **function** FFVM(SN, |Z|, x)

2: Generate NEG(U_i) for all $U_i \in U$ using 公式(5-18)

Generate random value for f_i and q_i for all $U_i \in U$

Generate Z using Positive Sample Model

for each (C_i, U_i) in S **do**

　e = **0**

　Calculate $\boldsymbol{c}_u$ using 公式(5-6)

　for $U_j \in \{U_i\} \bigcup \mathrm{NEG}_i$ **do**

　　$r = \sigma(c_i^{\mathrm{T}} q_j)$

　　$s = \varepsilon(E^i(j) - r)$

　　e := e + sq_j

　　$q_j := q_j + s\boldsymbol{c}_i$

　for $U_j \in C_i$ **do**

　　$f_j := f_j$ + e

return f_i, $U_i \in U$

5.5　基于好友特征向量的关联用户识别模型

给定两个社交网络中每个用户的好友特征向量后，许多方法都可以用于计算所有候选关联用户的相似度，如欧氏距离、切比雪夫距离、余弦相似度等。FRUI-P 认为关联用户的好友特征向量在空间中落于相近的点上。因此，FRUI-P 采用欧氏距离计算候选关联用户的相似度。考虑相似度值的归一化，有

$$s(U_i^A, U_j^B) = \frac{1}{1 + \log(1 + \| f_i^A - f_j^B \|)} \tag{5-21}$$

通常，关联用户挖掘采用二分图匹配进行建模。区别于二分图的完美匹配或完全匹配问题，关联用户挖掘旨在找出相对稳定的匹配，其主要原因在于 FRUI-P 只考虑一对一匹配，且关联用户的好友特征向量相似度要远大于非关联用户。因此，若 $U_i^A = U_j^B$，则 $s(U_i^A, U_j^B)$ 大于 $s(U_i^A, \cdot)$ 和 $s(\cdot, U_j^B)$，所以基于好友特征向量的无监督关联用户挖掘函数为

$$f(U_i^A, U_j^B) = H(S(U_i^A, U_j^B)) - \max\{s(U_i^A, \cdot), s(\cdot, U_j^B)\} \tag{5-22}$$

其中，$\max\{\cdot\}$ 为数值集合 $\{\cdot\}$ 中的最大值，$s(U_i^A, \cdot)$ 为候选关联用户集合 $\ddot{I}(U_i^A, \cdot)$ 中

的所有相似度值集合。$H(y)$为 Heaviside 阶跃函数，其定义为

$$H(y-a)=\begin{cases}1, & y \geqslant a \\ 0, & y<a\end{cases} \tag{5-23}$$

基于好友关系的无监督关联用户挖掘是一个极难的问题。在很多情况下，一次好友特征学习可能并不足以保证关联用户挖掘的性能。因此，FRUI-P 进一步引入 $t>0$ 次好友特征学习以增强其关联用户识别性能。

若 $f^{(t_1)}$ 表示用户第 $t_1(1 \leqslant t_1 \leqslant t)$次学习得出的好友特征向量，则公式(5-21)可以一般化为

$$s^{(t_1,t_2)}(U_i^A,U_j^B)=\frac{1}{1+\log(1+\|f_i^{(t_1)A}-f_j^{(t_1)B}\|)} \tag{5-24}$$

其中，$1 \leqslant t_1, t_2 \leqslant t$。为了降低计算复杂度，公式(5-22)可以简化为

$$f^{(t_1,t_2)}(U_i^A,U_j^B)=H(s^{(t_1,t_2)}(U_i^A,U_j^B)-\max\{s^{(t_1,t_2)}(U_i^A,\cdot)\}) \tag{5-25}$$

若每个社交网络都有 t 个特征矩阵，则可以执行 t^2 次关联用户识别过程。在每次关联用户识别过程中，只保留满足 $f(\cdot,\cdot)=1$ 的候选关联用户。显然，关联用户可以在多次关联用户识别过程中被识别出来。为此，针对 t 次好友特征学习后，FRUI-P 中的相似度值可以表示为

$$s(U_i^A,U_j^B)=\sum_{t_1=1}^{t}\sum_{t_2=1}^{t}[f^{(t_1,t_2)}(U_i^A,U_j^B)\cdot s^{(t_1,t_2)}(U_i^A,U_j^B)] \tag{5-26}$$

此外，公式(5-22)还将用于确保一对一匹配。

考虑到好友数量较少的用户所产生的正例样本较少，FFVM 较难学习其好友特征。因此，为了提高关联用户识别的准确率，FRUI-P 还综合考虑了用户的好友数。为此，候选关联用户的相似度计算优化为

$$s(U_i^A,U_j^B):=s(U_i^A,U_j^B)\cdot\log(\min(|F_i^A|,|F_j^B|)) \tag{5-27}$$

其中，$\min\{\cdot\}$为数值集合$\{\cdot\}$中的最小值。

最后，FRUI-P 认为只有相似度值大于设定阈值 $\lambda \geqslant 0$ 的候选关联用户才为关联用户，因此有

$$f(U_i^A,U_j^B,\lambda)=H(s(U_i^A,U_j^B)-\max\{s(U_i^A,\cdot)\})\cdot H(s(U_i^A,U_j^B)-\lambda) \tag{5-28}$$

算法 5-2 为 FRUI-P 的伪代码。其中，第 2 行为初始化参数；第 3 行和第 4 行为每个用户学习好友特征向量；第 5～9 行更新所有候选关联用户的相似度值；第 10 行输出相似度值不小于设定阈值 λ 且满足一对一匹配的关联用户。

算法 5-2: FRUI-P

输入: SN^A, SN^B, $|Z^A|$, $|Z^B|$, x, t, λ

输出: 关联用户几何

function FRUI-P(SN^A, SN^B, t, λ)
　$i = 0, t_1 = 0, t_2 = 0, F^A = [], F^B = []$
　for i++ < t **do**
　　　$F^A[i]$ = FFVM(SN^A), $F^B[i]$ = FFVM(SN^B)
　for t_1++ < t **do**
　　for t_2++ < t do
　　　for each U_m^A in SN^A, U_n^A in SN^B do
　　　　update $s(U_m^A, U_n^A)$ using 公式(5-26)
　update $s(U_m^A, U_n^A)$ using 公式(5-27)
return $\ddot{I}(U_m^A, U_n^A)$ with $f(U_m^A, U_n^A, \lambda) = 1$

5.6 理论分析

本部分讨论 FRUI-P 算法的运行效率，并论述各参数对算法性能的影响。

引理 5-1 FFVM(算法 5-1)的时间复杂度为 $O(|U|) + O(|Z| \cdot x^2)$，其中$|U|$, $|Z|$和 x 分别为社交网络中的用户综述、正例样本数和好友特征向量的维度。

证明 负采样的时间复杂度为 $O(|U|)$。由于$|Z|$个正例样本需要近似$|S|$次随机用户选取，随机游走生成正例样本的时间复杂度为 $O(|Z|)$。FFVM 算法的第 8～14 行为一个正例样本的训练，其时间复杂度为 $O(|\mathrm{NEG}_i| \cdot x^2)$，其中，$|\mathrm{NEG}_i|$为负采样数。由于负采样数一般为较小的整数，因此 FFVM 的时间复杂度为 $O(|U|) + O(|Z|) + O(|Z| \cdot |\mathrm{NEG}_i| \cdot x^2) = O(|U|) + O(|Z| \cdot x^2)$。 □

虽然 FFVM 也是从网络结构(好友关系)中提取用户的潜在向量表示，它跟现有网络嵌入算法不同。鉴于 FFVM 跟 deepwalk[114]的相似性最大，以 deepwalk 为例说明 FFVM 同网络嵌入算法的不同。首先，FFVM 在建立正例样本时，只考虑一阶好友关系，因为多阶好友(如好友的好友)将为关联用户识别引入更多的噪声，而 deepwalk 考虑多阶好友能提升其信息嵌入的能力。其次，FFVM 使用词向量中的 CBOW 模型，而 deepwalk 采用 skipgram 模型[113]。最后，FFVM 采用负采样提升算法效率，而 deepwalk 采用 Hierarchical Softmax[120]优化算法性能。

定理 5-1 FRUI-P(算法 5-2)的时间复杂度为 $O(t \cdot \max\{|Z^A|, |Z^B|\} \cdot x^2) + O(t^2 \cdot \max\{|U^A|, |U^B|\}^2)$，其中，$t, |U^A|, |U^B|, |Z^A|, |Z^B|$和 x 分别为好友特征向量学习次数、社交网络 SN^A 和 SN^B 的用户总数、SN^A 和 SN^B 正例样本数量和好友特征向量的维度。

证明 根据引理 5-1，易知 t 次好友特征向量学习的时间复杂度为 $O(t \cdot |U^A|) + O(t \cdot |Z^A| \cdot x^2) + O(t \cdot |U^B|) + O(t \cdot |Z^B| \cdot x^2) \leqslant O(t \cdot \max\{|U^A|, |U^B|\}) + O(t \cdot \max\{|Z^A|, |Z^B|\} \cdot x^2)$。算法 5-2 的第 7 行和第 8 行计算所有候选关联用户的相似度，其时间复杂度为 $O(|U^A||U^B|)$。为此，算法 5-2 第 5～8 行的时间复杂度为 $O(t^2 \cdot |U^A||U^B|)$，第 9 行的时间复杂度为 $O(|U^A||U^B|)$。因此，FRUI-P 算法的总时间复杂度为 $O(t \cdot \max\{|U^A|, |U^B|\}) + O(t \cdot \max\{|Z^A|, |Z^B|\} \cdot x^2) + O(t^2 \cdot |U^A||U^B|) + O(|U^A||U^B|) = O(t \cdot \max\{|Z^A|, |Z^B|\} \cdot x^2) + O(t^2 \cdot \max\{|U^A|, |U^B|\}^2)$。 □

显然，t 越大，FRUI-P 算法的时间复杂度越高，然而，越大的 t 可以提升 FRUI-P 算法的召回率和准确率。越多的正例样本数可以保证好友特征向量训练的正确，且好友特征向量维度 x 越大意味着 FRUI-P 算法考虑了越多的好友特征。因此，提升 Z 或者 x 都可以提升关联用户识别的性能，但也会提升 FRUI-P 算法的计算复杂度。实验结果也证明参数 t, Z 和 x 可以提升 FRUI-P 算法的关联用户识别性能。参数 λ 确保了所识别关联用户的最小相似度，从而可以保证 FRUI-P 算法的准确率。由于相似度值小于 λ 的候选关联用户将不被认为是关联用户，因此高的 λ 有可能导致召回率降低。当 $\lambda = 0$ 时，所有被识别出的候选关联用户都被视为关联用户。

在实际应用中，$|Z| \geqslant |F|$且$|Z| \leqslant |U|^2$，因此可以近似认为 $O(|Z|) = O(|U|^2)$。此时，FRUI-P 的时间复杂度可以简化为 $O(t \cdot \max\{|Z^A|, |Z^B|\} \cdot x^2) + O(t^2 \cdot \max\{|U^A|, |U^B|\}^2) = O(x^2 \cdot \max\{|U^A|, |U^B|\}^2) \approx O(\max\{|U^A|, |U^B|\}^2)$。

考虑到 FFVM 在 f_i 和 q_i 训练过程中无需锁定共享参数，因此 FFVM 可以采用异步随机梯度扩展到分布式环境中以迅速实现优化函数的收敛[121]。同时，公式(5-24)和公式(5-25)都可以工作在并行模型。所以，FRUI-P 可以扩展到分布式关联用户识别，以满足大型社交网络的关联用户识别。

5.7 实验分析

本节将通过人工网络和真实网络验证 FRUI 算法的效率。实验所用计算机的硬件配置为 8G 内存和 2.8GHz GPU。

鉴于NM算法是当前最好的与关联用户识别最相近的基于网络结构的无监督算法，本部分使用NM算法作为基准对照算法。NM算法曾获WSDM 2013数据挑战赛去匿名化任务的冠军。在NM实验中，网络的节点数一般不超过1000，这主要是因为NM算法$O(n^5)$的时间复杂度和$O(n^2)$的空间复杂度限制了其在较大网络中的应用。例如，一组具有5万个节点的网络，NM算法需要50,000 × 50,000 × 4B × 2 = 20G的内存空间，超出了本章实验所用的计算机内存。由于NM算法的时间复杂度略高，本章在具体实验中不做运行时间的对比。

第4章所提出的FRUI算法也作为FRUI-P算法的另一个对照，因为FRUI是当前较好的基于好友关系的半监督关联用户挖掘算法。

本章也适用召回率、准确率和F1-measure作为关联用户识别的性能指标。显然，召回率、准确率和F1-measure越高，算法的关联用户识别效果或性能越好。

5.7.1 人工数据集实验

本部分验证FRUI算法在ER随机网络，WS小世界网络和BA无标度网络中的性能。ER网络、WS网络和BA网络的网络特性见第4章的分析。在实验中，WS网络的边重连概率为0.5。

本章首先通过75对人工网络验证FRUI-P算法的性能。在三种人工网络中，首先各生成五个5000节点的人工网络。在所生成的五个ER网络和WS网络中，两个节点存在边的概率p分别为0.02，0.04，0.06，0.08和0.1。在所生成的五个BA网络中，新节点加入网络时形成的边的数量m分别为20，40，60，80和100。在这15个人工网络中，分别以概率($s_a = s_b$)0.05，0.06，0.07，0.08和0.9抽样每一条边，形成75组实验网络。也即，每个人工网络以overlap(U^A, U^B) = 1且overlap(F^A, F^B)分别为0.25，0.36，049，0.64和0.81生成五组实验网络。在所有实验中无特别说明的情况下，$t = 1$，$\lambda = 0$，$|Z| = 50|F|$，$x = 500$。在生产实验网络过程中，所有的边都依概率随机保留，而在去匿名化任务中，存在一个子网跟原网络几乎完全一致。因此，关联用户挖掘跟去匿名化任务有着根本的不同。

表5.1为FRUI-P算法在ER网络中的性能统计结果。随着网络边重叠度的增大，FRUI-P的性能跟着增强。当overlap(F^A, F^B) ≥ 0.49时，FRUI-P可以识别出所有的关联用户。此外，在25组ER网络试验中，FRUI-P的准确率都大于90%。

表 5.1　FRUI-P 算法在 ER 网络中的性能，$t=1$，$\lambda=0$

指标	边重叠度	$p=0.02$	$p=0.04$	$p=0.06$	$p=0.08$	$p=0.1$
召回率	0.25	0.756	0.893	0.879	0.814	0.693
	0.36	0.978	0.993	0.986	0.956	0.864
	0.49	1	1	1	0.998	0.974
	0.64	1	1	1	1	1
	0.81	1	1	1	1	1
准确率	0.25	0.990	0.996	0.989	0.968	0.906
	0.36	1	1	0.999	0.998	0.978
	0.49	1	1	1	1	1
	0.64	1	1	1	1	1
	0.81	1	1	1	1	1
F1-Measure	0.25	0.857	0.942	0.931	0.884	0.785
	0.36	0.989	0.996	0.993	0.977	0.917
	0.49	1	1	1	0.999	0.987
	0.64	1	1	1	1	1
	0.81	1	1	1	1	1

表 5.2 为 FRUI-P 算法在 WS 网络中的性能表现。

表 5.2　FRUI-P 算法在 WS 网络中的性能，$t=1$，$\lambda=0$

指标	边重叠度	$p=0.02$	$p=0.04$	$p=0.06$	$p=0.08$	$p=0.1$
召回率	0.25	0.781	0.957	0.953	0.921	0.861
	0.36	0.975	0.998	0.997	0.990	0.953
	0.49	1	1	1	1	1
	0.64	1	1	1	1	1
	0.81	1	1	1	1	1
准确率	0.25	0.963	0.997	0.999	0.993	0.977
	0.36	0.999	1	1	1	0.999
	0.49	1	1	1	1	1
	0.64	1	1	1	1	1
	0.81	1	1	1	1	1
F1-Measure	0.25	0.863	0.977	0.975	0.956	0.915
	0.36	0.987	0.999	0.998	0.995	0.974
	0.49	1	1	1	1	1
	0.64	1	1	1	1	1
	0.81	1	1	1	1	1

跟 ER 网络中的实验结果相似，当 overlap(F^A, F^B)≥0.36 时，FRUI-P 可以识别不少于 90%的关联用户。此外，在所有 25 组实验中，FRUI-P 算法的准确率都不低于 96.3%。因此，FRUI-P 算法在 WS 网络上的性能要稍优于 ER 网络。

表 5.3 为 FRUI-P 在 BA 网络上的性能参数。

表 5.3 FRUI-P 算法在 BA 网络中的性能，$t=1$，$\lambda=0$

指标	边重叠度	$m=20$	$m=40$	$m=60$	$m=80$	$m=100$
	0.25	0.023	0.041	0.061	0.087	0.107
	0.36	0.080	0.201	0.304	0.341	0.394
召回率	0.49	0.407	0.703	0.835	0.861	0.859
	0.64	0.953	0.996	0.999	0.999	0.998
	0.81	1	1	1	1	1
	0.25	0.230	0.334	0.446	0.477	0.513
	0.36	0.495	0.790	0.856	0.890	0.917
准确率	0.49	0.915	0.992	0.998	0.999	0.999
	0.64	0.999	1	1	1	1
	0.81	1	1	1	1	1
	0.25	0.042	0.073	0.108	0.147	0.177
	0.36	0.138	0.320	0.448	0.494	0.551
F1-Measure	0.49	0.563	0.823	0.909	0.925	0.924
	0.64	0.976	0.998	1	0.999	0.999
	0.81	1	1	1	1	1

虽然 FRUI-P 算法在 BA 网络上的性能表现没有 ER 网络和 WS 网络中的显眼，当 overlap(F^A, F^B)≥0.49 时，FRUI-P 算法的准确率依然不小于 91.5%。当 m≥40 时，FRUI-P 的准确率几乎达到 100%。当 overlap(F^A, F^B)≥0.64 时，FRUI-P 可以识别出所有的关联用户。此外，根据第 5.6 节的理论分析，FRUI-P 算法在 BA 网络中的性能还可以通过增加 x，t 和$|S|$来提升。在所有 75 组人工网络实验中，当 overlap(F^A, F^B)≥0.64 时，FRUI-P 可以挖掘出几乎所有的关联用户。根据第 4 章在新浪微博和人人网的抽样调查分析可知，新浪微博用户中 67.5%的好友同时也是其人人网的好友。因此，FRUI-P 算法可以用于真实网络的关联用户挖掘。此外，当 overlap(F^A, F^B)≥0.49 时，其关联用户识别的准确率几乎为 100%。因此，FRUI-P 可以用于有监督或半监督关联用户挖掘算法中的先验关联用户识别。

接着，本部分对比了 FRUI-P，FRUI 和 NS 算法的性能。图 5.3 为三种算法在三个人工网络中的性能对比。

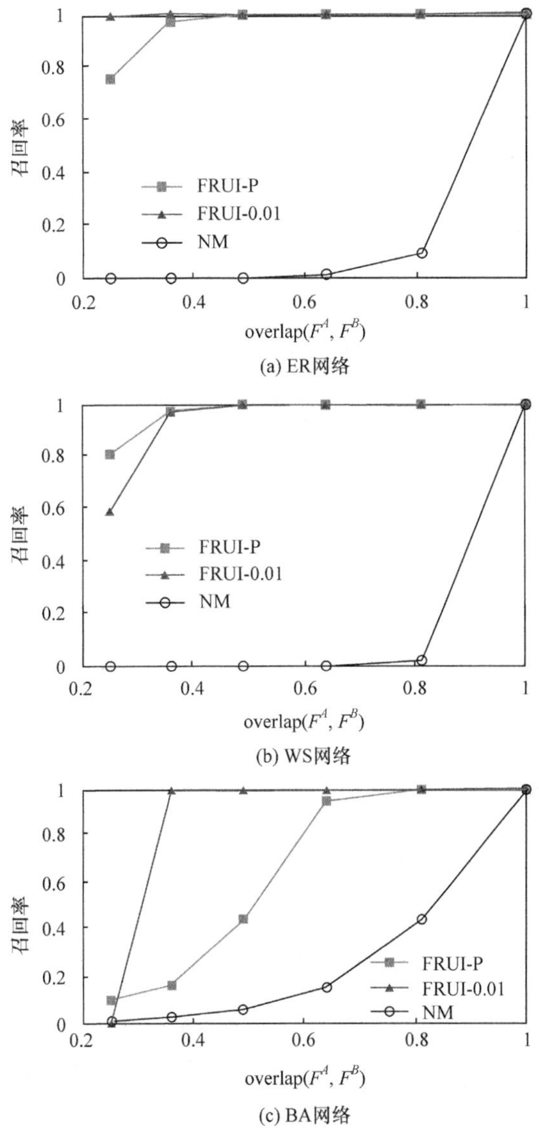

图 5.3　FRUI-P 算法，FRUI 算法和 NM 算法在人工网络数据集中的性能对比

在实验中，overlap(F^A, F^B)值从 0.25 逐步提升到 1。在 ER 和 WS 网络中，p = 0.02；在 BA 网络中，m = 20。三种人工网络数据集的节点数都为 5000。FRUI 算法的先验关联用户数为 50(占比 1%)。由于召回率、准确率和 F1-measure 的趋势

相同，实验结果仅列出召回率的对比。图 5.3(a)和(b)为三种算法在 ER 网络和 WS 网络中的性能对比。不难看出，当 overlap(F^A, F^B)≥0.36 时，FRUI 和 FRUI-P 识别出几乎所有的关联用户。图 5.3(c)为三种算法在 BA 网络中的召回率对比。FRUI 和 FRUI-P 都有相当不错的性能表现，尤其是当 overlap(F^A, F^B)≥0.64 时。相反，在三种人工网络中，NM 算法只有在 overlap(F^A,F^B)几乎为 1 的情况下才能识别出所有的关联用户，而在其他情况下，NM 算法仅能识别出一小部分关联用户。也就是说，NM 算法不适用于当两个网络的边以随机概率保留而生成的一组网络的关联用户挖掘，从而也就无法胜任真实社交网络中的关联用户挖掘。

此外，本部分还进一步对比了在 overlap(F^A, F^B) = 0.25 情况下，FRUI-P 和 FRUI 算法在三种人工网络中的性能对比，如图 5.4 所示。在 FRUI 算法中，先验关联用户的数量分别为 50(占比 1%)和 100(占比 2%)。不难看出，当给定的先验关联用户较少时，在 WS 网络和 BA 网络中，无监督的 FRUI-P 算法性能还要优于半监督的 FRUI 算法。

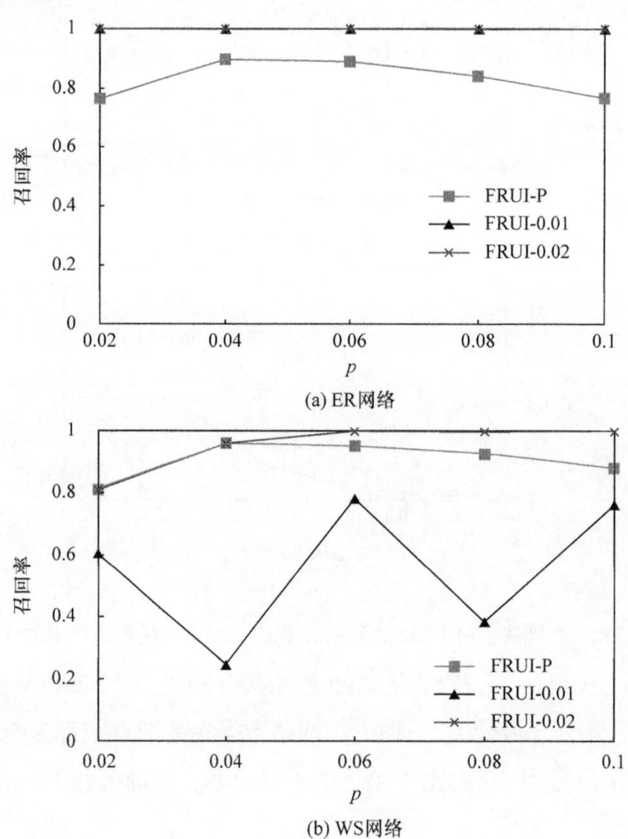

(a) ER网络

(b) WS网络

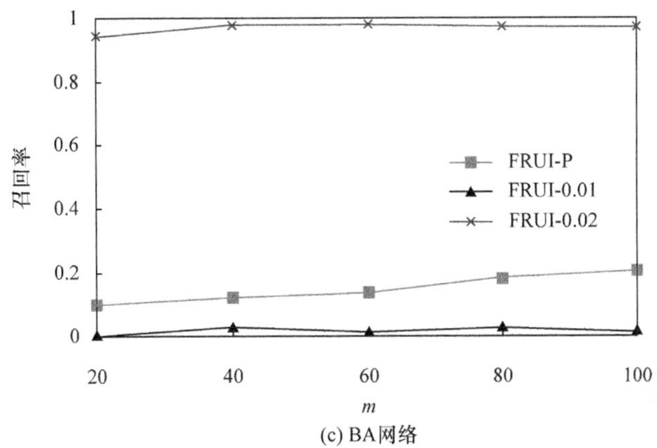

(c) BA网络

图 5.4　FRUI-P 算法和 FRUI 算法在人工网络数据集中的性能对比

5.7.2　算法超参分析

如前所述，FRUI-P 引入三个参数 x，$|Z|$和 t 来提升其性能，引入阈值参数 λ 来保证其准确性。本部分将实验验证所引入四个参数对 FRUI-P 算法性能的影响。如无特别说明，实验中，overlap(F^A, F^B) = 0.64，x = 500，$|Z|$ = 50|F|，t = 1，λ = 0。

由第 5.7.1 节实验结果可知，在 ER 和 WS 网络中，FRUI-P 几乎可以识别出所有的关联用户。因此，本节将在 BA 网络中验证四个参数对 FRUI-P 算法的影响。

增大$|Z|$可以为好友特征向量学习提供更多的正例样本，因此，实验中将$|Z|$以增量 $10|F|$从 $30|F|$增加到 $70|F|$来验证$|Z|$对 FRUI-P 性能的影响。图 5.5 显示 FRUI-P 随$|Z|$变化的性能变化情况。不难看出，随着$|Z|$的增大，FRUI-P 的召回率和准确率也增大。在 x 的影响实验中，x 值以步长 200 由 100 增加到 900。

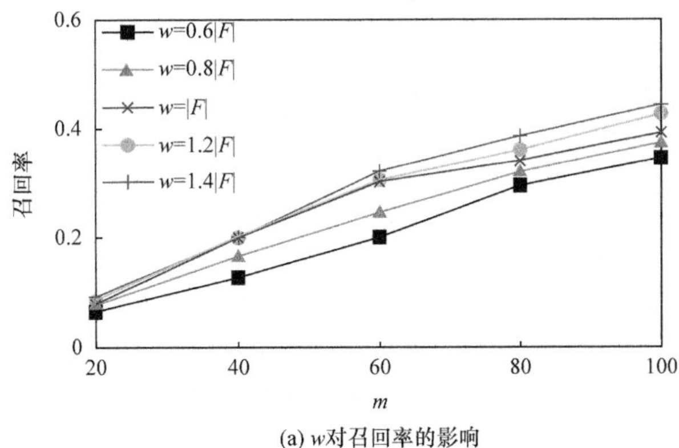

(a) w对召回率的影响

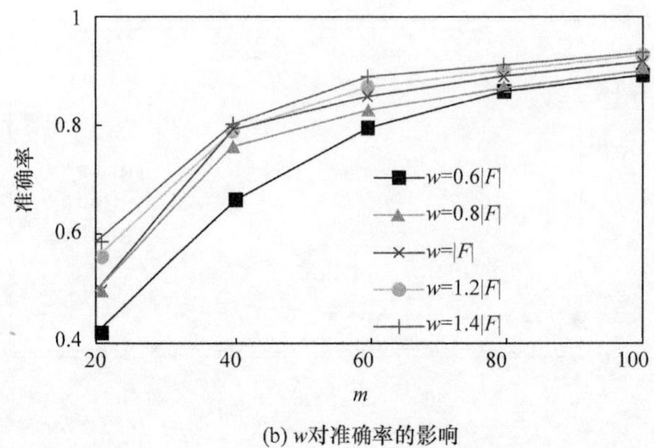

(b) w对准确率的影响

图 5.5 w=|S|/500 对 FRUI-P 算法性能的影响

图 5.6 为 x 值对 FRUI-P 算法召回率和准确率的影响实验结果。显然，x 值越大，FRUI-P 的召回率和准确率越高，FRUI-P 的性能越好。

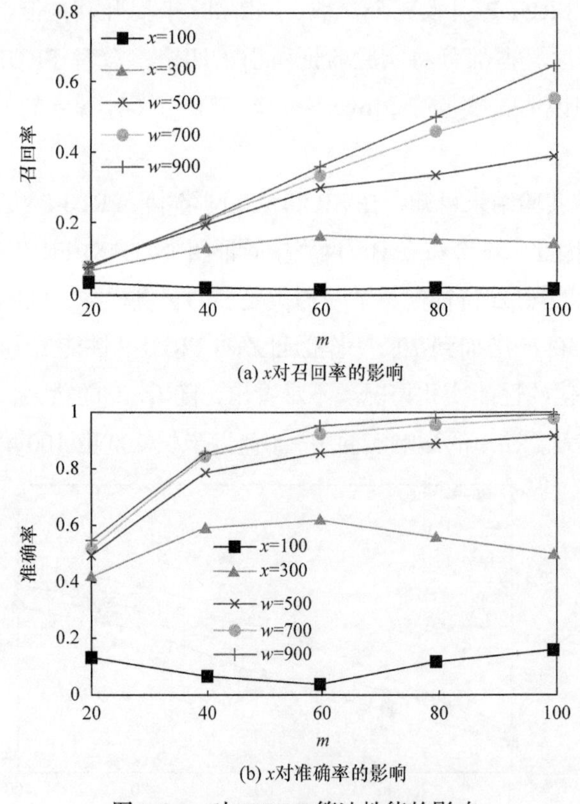

(a) x对召回率的影响

(b) x对准确率的影响

图 5.6 x 对 FRUI-P 算法性能的影响

图 5.7 为 t 对 FRUI-P 算法性能的影响实验结果。在图 5.7(a)中，overlap(F^A,

F^B) = 0.49。不难看出，随着 t 增大，FRUI-P 的召回率提升。也就是说，不论是相对稀疏还是相对稠密的网络中，越高的 t 可以帮助 FRUI-P 识别出更多的关联用户。图 5.7(b)为 $m = 60$ 情况下，t 对 FRUI-P 算法的影响。无论两个实验网络的边重叠度多大，越高的 t 可以保证识别出更多的关联用户。

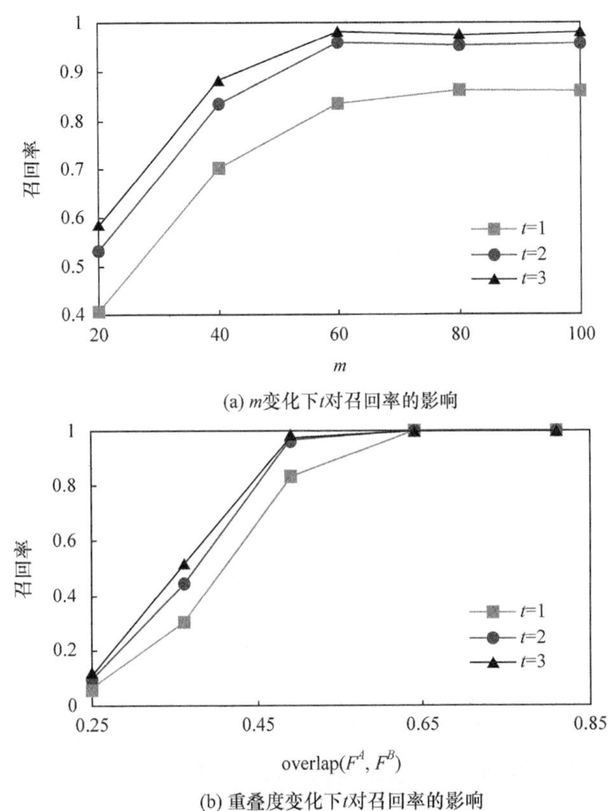

(a) m变化下t对召回率的影响

(b) 重叠度变化下t对召回率的影响

图 5.7　t 对 FRUI-P 算法性能的影响

图 5.8(a)和(b)分别为 m = 60 和 overlap(F^A, F^B) = 0.36 情况下，λ 对 FRUI-P 算法效果的影响实验结果图。图 5.8(a)为 FRUI-P 算法准确率和 λ 的关系图。显然，FRUI-P 的准确率随着 λ 值的增大而增加，当 $\lambda = 1$ 时，FRUI-P 的识别准确率几乎为 100%。图 5.8(b)显示了 FRUI-P 算法随 λ 变化，其召回率和准确率的对换情况。不难看出，随着 λ 变化，FRUI-P 算法准确率提升的同时，其召回率将下降。值得注意的是，即使在 $t = 1$ 的情况下，FRUI-P 也能以不低于 95%的准确率识别出 20%的关联用户。因此，FRUI-P 算法可以用于有监督或半监督关联用户算法的先验关联用户识别模型。

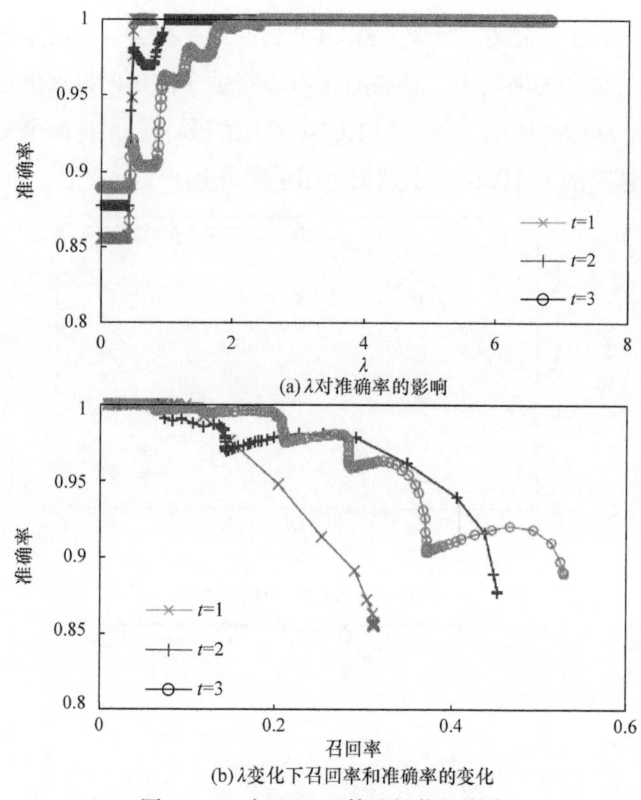

(a) λ对准确率的影响

(b) λ变化下召回率和准确率的变化

图 5.8 λ 对 FRUI-P 算法性能的影响

5.7.3 真实数据集实验

本部分将在真实数据集上验证 FRUI-P 算法在关联用户挖掘上的性能。所选用的真实网络数据集为新浪微博和人人网，其数据统计特性见第 4 章的描述。类似地，本部分从新浪微博和人人网中选取不少于 5 万个节点的子网展开第一部分实验。

在实验中，随机选取一部分用户作为 FRUI 算法的先验关联用户。若无特别说明，FRUI-P 算法中，$t=1$，$\lambda=0$，$x=500$，$|Z|=50|F|$。在此参数设定上，本部分开展 FRUI 和 FRUI-P 的性能对比实验。由于新浪微博和人人网的平均好友数较低，实验中选择好友数不少于设定阈值 θ 的用户为实验网络的关联用户。尽管如此，抽样后的网络度分布依然遵循幂律分布(如图 5.9 所示)。也就是说，实验网络中绝大多数用户的好友数都小于 5，而这些用户较难识别其关联用户。

FRUI-P 和 FRUI 算法在新浪微博和人人网中关联用户识别的召回率如图 5.10 所示。FRUI 算法的先验关联用户占比分别为 1%和 8%。总体上看，FRUI 算法有较好的性能，然而，FRUI-P 在没有先验关联用户的情况下，也能识别出 20%左右

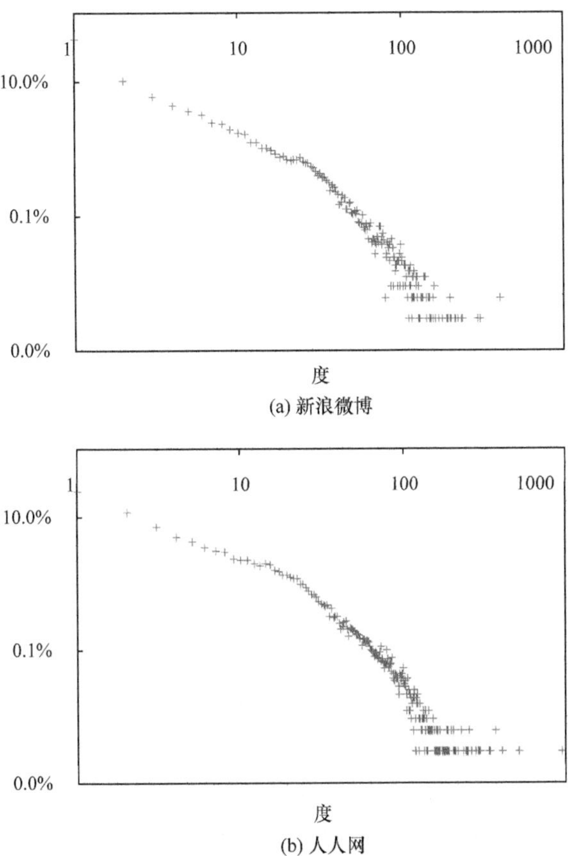

(a) 新浪微博

(b) 人人网

图 5.9　$\theta = 80$ 下抽样真实网络的度分布

的关联用户。而且，在 $\theta = 20$，且先验关联用户占比为 1%的情况下，FRUI-P 的性能还要略优于 FRUI 算法。由于真实网络中存在大量用户的好友数极少使得很难学习其好友特征，因此 FRUI-P 在真实网络中的性能差于人工网络。

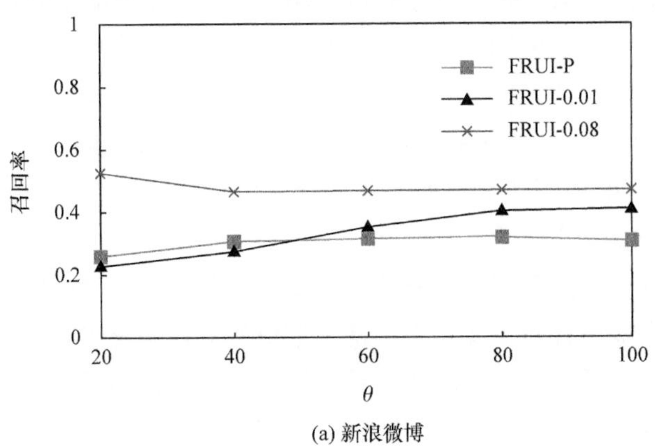

(a) 新浪微博

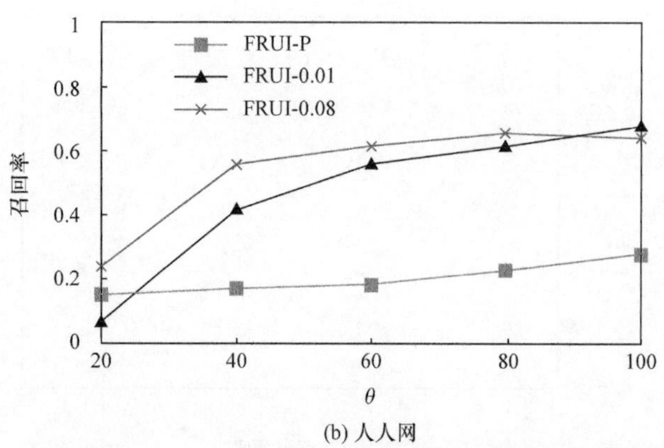

(b) 人人网

图 5.10　FRUI-P 算法和 FRUI 算法在新浪微博和人人网数据集中的性能对比

用户重叠度为 33%，好友关系重叠度为 33%。在 FRUI 算法中，先验关联用户占比分别 1%和 8%。最小好友数以步长 20 从 20 增加到 100

为了检验 FRUI-P 算法在真实网络中的性能，本部分实验验证了用户好友数和 λ 对 FRUI-P 算法性能的影响。图 5.11(a)给出了 $\theta = 100$ 情况下，用户好友数跟 FRUI-P 算法准确率的关系图。显然，随着用户好友数的增多，FRUI-P 算法的准确率也跟着增大。FRUI-P 算法可以不低于 80%的准确率正确识别好友数不低于 60 的用户，这是因为好友数多的用户，FRUI-P 可以更准确地学习其好友特征；而好友数较少的用户，缺少足量的好友特征供 FRUI-P 进行表示学习。因此,FRUI-P 可以以较高的准确率识别具有较多好友数的用户的关联用户。此外，不难看出，FRUI-P 可以识别出所有新浪微博中好友数不少于 120 和人人网中好友数不少于 250 的用户的关联用户。图 5.11(b)显示了 FRUI-P 在真实网络中的准确率随 λ 的变化。跟人工网络中的实验结果相似，λ 值越高，FRUI-P 关联用户识别的准确率越高。当 $\lambda = 0.4$ 时，FRUI-P 在新浪微博和人人网中的关联用户识别准确率可达 90%。图 5.11(c)为 FRUI-P 算法在 λ 影响下召回率和准确率的关系图。从图可知，FRUI-P 算法在新浪微博和人人网中都能以 95%的准确率识别不少于 15%的关联用户。如第 4 章所述，在给定很小一部分先验关联用户的情况下(如 1%)，FRUI 可以在新浪微博和人人网中识别出不少于 40%的关联用户。因此，FRUI-P 可以作为现有有监督或半监督关联用户算法的补充，并为这些算法提供准确的先验关联用户。

接着，本部分通过多组实验验证了 FRUI-P 算法在新浪微博和人人网之间关联用户识别的性能。在每次实验中，从一定量的关联用户出发，采用广度优先遍历原则分别从新浪微博和人人网爬取其两层好友关系，而后删除所形成网络中教育背景不是中国人民大学的用户和叶子节点用户，形成实验网络。由于所形成的

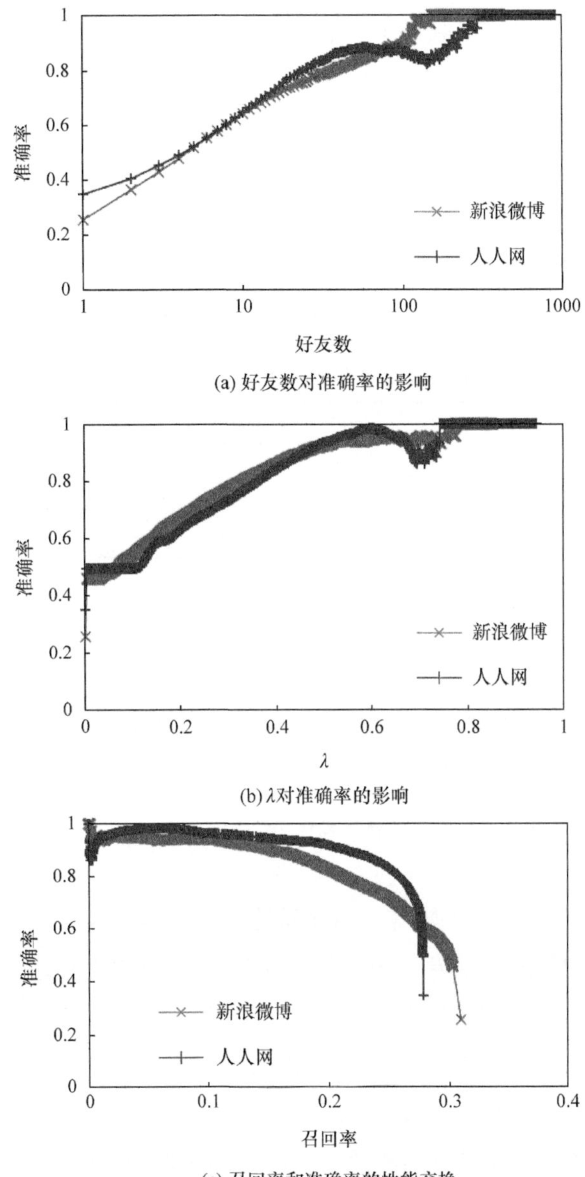

(a) 好友数对准确率的影响

(b) λ对准确率的影响

(c) 召回率和准确率的性能交换

图 5.11 真实数据集中好友数和 λ 对 FRUI-P 算法性能的影响

好友重叠度为 33%，好友关系重叠度为 33%。抽样网络中的最小好友数为 100

实验网络的真实关联用户数量未知,因此只从关联用户识别的准确度上进行考量。当 $\lambda=0$ 时，FRUI-P 和 NM 算法返回差不多数量的关联用户。然后检测相似度值最高的 300 个关联用户的准确率来对比 FRUI-P 算法和 NM 算法的性能。表 5-4 为实验结果数据统计。在三组实验中，FRUI-P 的准确率为 80%，远大于 NM 算法，这表明 FRUI-P 算法更胜任于新浪微博和人人网的关联用户挖掘。

最后，本部分还在新浪微博和人人网上开展了 FRUI-P 和 FRUI 的联合实验。实验中，将 FRUI-P 所识别出的相似度值最大的 150 个关联用户作为 FRUI 算法的先验关联用户进行关联用户识别，而后检测随机选取出的所识别的 300 个关联用户判断其准确率。实验结果表明，FRUI-P 和 FRUI 的融合方法在新浪微博和人人网的跨社交网络关联用户识别中，其准确率大约为 50%。相关实验统计数据见表 5.4 所示。实验结果表明 FRUI-P 可以为有监督或半监督关联用户识别方法提供先验关联用户。

表 5.4　FRUI-P 算法在真实数据集中的性能

实验网络及其用户数			准确率(识别出的关联用户数)		
			FRUI-P	NM	FRUI-P+FRUI
1	新浪微博	3145	0.767 (2574)	0.080(3145)	0.493 (1587)
	人人网	5217			
2	新浪微博	3892	0.833 (3025)	0.093 (3892)	0.513 (1639)
	人人网	4919			
3	新浪微博	3546	0.817 (2577)	0.087 (3546)	0.507 (1616)
	人人网	5018			

注：FRUI-R 和 NM 算法的准确率是以相似度最高的 300 个关联用户进行计算，而 FRUI-P+FRUI 的准确率则通过随机抽取 300 个关联用户进行计算。

5.8　在知识管理的应用

社交网络对企业知识管理带来了许多质的变化。例如，社交网络的云属性从空间上扩大了企业知识管理的范畴，而移动社交网络的兴起降低了企业知识管理对时间的限制[122]，人们可以随时随地进行知识创造、分享等。毫无疑问，社交网络的演变为社交网络下企业知识管理带来越来越多机遇，同时也带来了许多新的挑战。

显然，不同的社交网络为人们提供不同的使用功能。随着社会经济的发展，人们对社交网络功能的需求越来越多样化、个性化，同时一些老旧的社交网络也将逐步退出历史舞台。在国内，从早期的人人网，到现在的微博、微信，再到求职社交网络领英等。近年来，人人网已经逐步边缘化，而一些新型的社交网络，如脉脉(求职社交网络)等逐步步入人们的视野并吸引越来越多的人使用，如图 5.12。

因此，在新时期下，如何快速应变社交网络的变化是社交网络环境下企业知识管理的重要内容之一。企业对新兴社交网络的信息掌握较少，对其内部人员在该社交网络的注册情况几乎没有任何掌握，也更无法获取员工在该社交网络中的知识行为。在

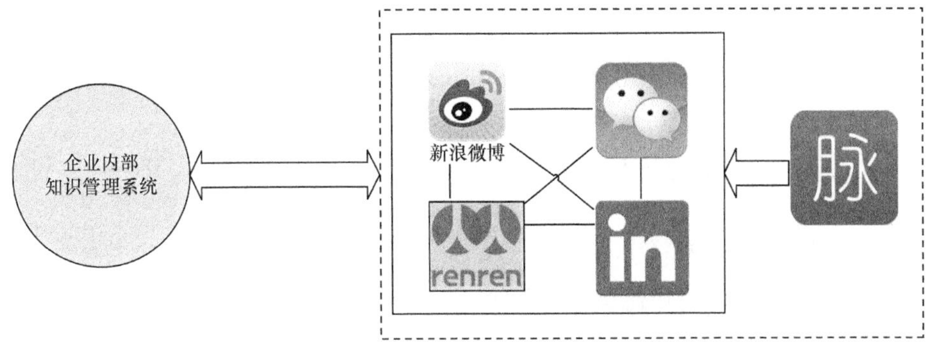

图 5.12　知识管理对新加入社交网络的追踪

此情况下，企业应变新兴社交网络的最佳途径为通过现有社交网络去融合、了解新兴社交网络。FRUI-P 算法在无需先验用户的情况下，可以挖掘不同社交网络的关联用户，实现旧有成熟社交网络和新兴社交网络的融合，为企业知识管理获取新兴社交网络数据提供了重要的技术途径。因此，FRUI-P 算法可以为企业知识管理实现快速应变外部社交网络的变迁提供重要的技术方案，从而提升企业知识管理水平。

5.9　本章小结

本章围绕跨社交网络关联用户识别问题提出一种全新的无监督解决方案。网络结构是社交网络的重要组成部分，可以用于关联用户挖掘。相关研究已经表明人们往往在不同的社交网络中建立其部分重叠的好友关系。在第 4 章的基础上，本章提出了一种基于好友关系的无监督关联用户挖掘方法——FRUI-P，并系统讨论了 FRUI-P 的效率和可扩展性。最后，在人工网络数据集和真实网络数据集上验证了 FRUI-P 算法的性能。

大量的实验结果表明好友关系可以有效地用于关联用户挖掘。FRUI-P 在关联用户挖掘上的性能要远远优于 NM 算法。当社交网络的属性稀疏、不完整或者因为隐私问题而无法获取时，FRUI-P 将是关联用户挖掘的有效方法。此外，FRUI-P 还可以为现有有监督或半监督关联用户挖掘方法提供准确、可靠的先验关联用户。由于 FRUI-P 极易扩展为分布式运行，因此 FRUI-P 是可扩展的并能应用于大数据集中的关联用户挖掘。虽然 FRUI-P 已极大提升了现有算法的运算效率，并可在并行环境中运行，但是 FRUI-P 的时间复杂度(为 $O(n^2)$)依然较高。所以在后续的研究过程中，还可以针对 FRUI-P 算法的运行效率等做进一步的研究，以适应千万级、亿级以上的社交网络的关联用户挖掘。

第 6 章　综合用户属性和用户关系的关联用户挖掘

用户关系是社交网络中较为稳定的要素。在用户属性中融入用户关系，构建关联用户挖掘模型，可以避免模型受恶意用户的攻击，提升模型的准确率；在用户关系中融入用户属性，可以更准确地识别度数较低的用户，提升关联用户挖掘模型的准确率和召回率。因此，通过融合用户属性和用户关系，一方面，将有利于构建不易受攻击的关联用户挖掘模型；另一方面，有利于提升模型的准确率和召回率。本章介绍一种综合用户属性和用户关系的关联用户挖掘方法。

6.1 引　言

本章综合用户属性和用户关系，准确、全面、快速地挖掘大型社交网络间的关联用户，以实现大型社交网络的紧密融合，其整体研究框架如图 6.1 所示。图中，a 和 $\hat{a}$ 是分别来自社交网络 SN^A 和 SN^B 的两个用户。

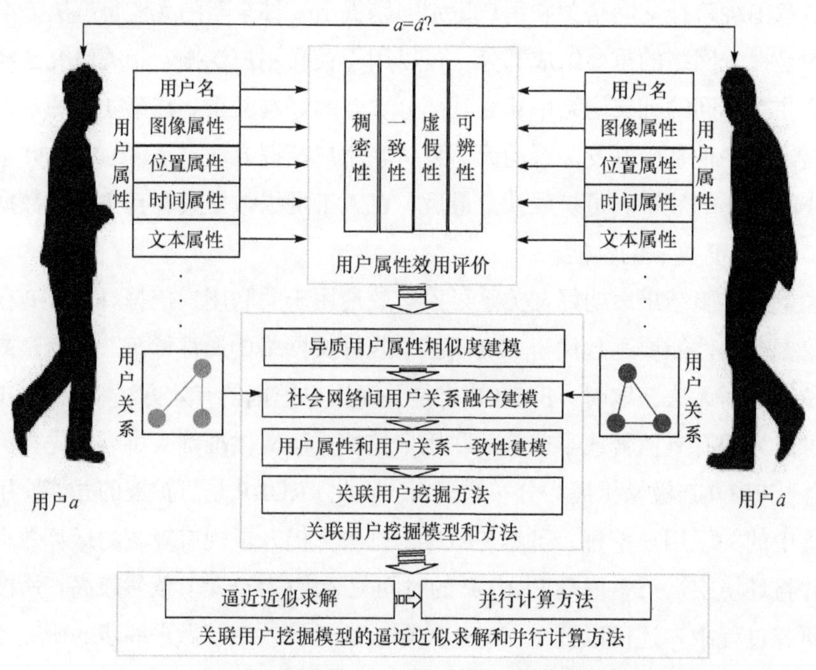

图 6.1　综合用户属性和用户关系的关联用户挖掘整体框架

本章首先构建面向关联用户挖掘的用户属性效用评价体系，对各类用户属性进行全面分析，而后针对不同用户属性采用不同的相似度计算模型，最终完成对异质用户属性相似度的融合。在此基础上，本章通过张量积融合不同社交网络间的用户关系，形成用户关系矩阵；而后采用向量化算子将用户属性相似度矩阵转化为用户属性相似度向量，通过融合用户关系矩阵和用户属性相似度向量构建关联用户挖掘模型和方法；最后，从逼近近似求解与并行计算方法两方面探索提升关联用户挖掘效率的方法。

6.2　面向关联用户挖掘的用户属性效用评价体系

对于待融合的两个社交网络 SN^A 和 SN^B，从稠密性、一致性、虚假性和可辨性等四个方面构建用户属性效用评价体系，进而全面分析用户属性在关联用户挖掘建模中的效用。

稠密性是指该属性信息在社交网络间应足够稠密，也即绝大多数用户都包含该项属性信息值，如用户名、头像等，只有足够稠密的属性信息才适合于关联用户挖掘。任一属性 p 的稠密性可定义为 $a=\hat{a}$ 的情况下，a 和 $\hat{a}$ 的属性 p 都不为空的概率，即

$$D_p = \Pr(a\text{ 和 }\hat{a}\text{ 的属性 }p\text{ 值不为空 } \mid a=\hat{a}) \tag{6-1}$$

一致性是指用户在不同的社交网络倾向于使用相同或相似的属性值，如用户名等，一致性差的属性将不适合于社交网络间关联用户挖掘。任一属性 p 的一致性可定义为 $a=\hat{a}$ 且其属性 p 都不为空的情况下，a 和 $\hat{a}$ 的属性 p 的相似度大于设定阈值 t_c 的概率，即

$$C_p = \Pr(\mathrm{sim}_p(a,\hat{a}) > t_c \mid a=\hat{a}, a\text{ 和 }\hat{a}\text{ 的属性 }p\text{ 值不为空}) \tag{6-2}$$

其中，$\mathrm{sim}_p(a,\hat{a})\in[0,1]$为用户 a，$\hat{a}$ 在属性 p 上的相似度值。

虚假性是指用户是否对属性赋予不符合真实情况的值。若大量存在虚假值的用户属性将导致关联用户挖掘错误率提升，不适合于关联用户挖掘。任一属性 p 的虚假性可定义为 $a=\hat{a}$ 且其属性 p 都不为空的情况下，a 和 $\hat{a}$ 的属性 p 的相似度小于设定阈值 t_f 的概率，即

$$F_p = \Pr(\mathrm{sim}_p(a,\hat{a}) < t_f \mid a=\hat{a}, a\text{ 和 }\hat{a}\text{ 的属性 }p\text{ 值不为空}) \tag{6-3}$$

可辨性是指属性值是否能较明显地将用户同其他用户相区分，如城市等就不是一个可辨性强的属性。任一属性 p 的可辨性可定义为 $a\neq\hat{a}$ 且其属性 p 都不为空的情况下，a 和 $\hat{a}$ 的属性 p 的相似度小于设定阈值 t_i 的概率，即

$$I_p = \Pr(\mathrm{sim}_p(a, \hat{a}) < t_i \mid a \neq \hat{a}, a \text{ 和 } \hat{a} \text{ 的属性 } p \text{ 值不为空}) \tag{6-4}$$

根据稠密性、一致性、虚假性和可辨性的定义可知：若某分类器(算法)的分类规则为 $\mathrm{sim}_p(a, \hat{a}) > t$ 时，有 $a = \hat{a}$，则该分类器的召回率为

$$\text{召回率} = D_p \cdot C_p \tag{6-5}$$

其准确率为

$$\text{准确率} \leqslant \text{召回率}/(\text{召回率}+1-I_p) \tag{6-6}$$

由上述分析可知，从稠密性、一致性、虚假性和可辨性对用户属性进行全面分析，选取较为稠密、一致性强、虚假性低、可辨性高的属性进行关联用户挖掘，对于提升关联用户挖掘的召回率和准确率具有重要的作用。因此，需要针对具体真实数据集(如人人网和新浪微博数据集)，从上述四个方面实证分析用户属性特征。稀疏、一致性差、虚假性强和可辨性差的属性，将不适用于关联用户挖掘。

筛选后用于关联用户挖掘的属性对关联用户挖掘的作用存在差异。为此，对于任一筛选属性 i，采用统一效用指标 CP_i 进行描述。任取 M(M 充分大)组属性 i 的相似度大于给定阈值的用户对，若有 C_i 组为关联用户，则

$$\mathrm{CP}_i = C_i / M \tag{6-7}$$

显然，CP_i 值较高的属性将提高关联用户挖掘的效果。在无种子用户的社交网络数据集中，关联用户 C_i 的数量可通过人工进行识别判断。

6.3　综合用户属性和用户关系的关联用户挖掘模型和方法研究

6.3.1　属性相似度计算模型

不同的属性，其适用的相似度计算方法不尽相同。为此，需要根据不同属性特点，采用不同的相似度计算方法。

(1) 用户名。用户名是社交网络中普遍存在、一致性强、可辨度高的属性。因此，目前有大量的研究工作都采用用户名进行关联建模。Liu 等[35]的方法是目前基于用户名挖掘关联用户最好的模型，它从用户名的各项行为特征挖掘用户名相似度，可用于计算用户名相似度。

(2) 图像类属性。图像类属性主要为用户头像，因此其相似度计算方法以用户头像为例进行说明。用户头像是一项有利于关联用户挖掘的属性，但是也存在大

量的噪音。为此，只考虑带有人脸的图像用于关联用户挖掘。对于分别来自社交网络 SN^A 和 SN^B 中用户 a 和 $\hat{a}$，首先通过图像检测器检测其头像是否为图像，若为图像，则进一步检测头像是否都包含人脸，最后通过人脸特征提取，使用分类器输出值在[0, 1]区间的人脸相似度(图 6.2)。在图像检测、人脸检测、特征提取和相似度计算分类器上，鉴于 Carnegie Mellon 大学的人脸识别项目(http://www.briancbecker. com/ bcbcms/site/proj/facerec/fbextract.html)使用较为广泛，在此将直接使用该方法进行图像处理。

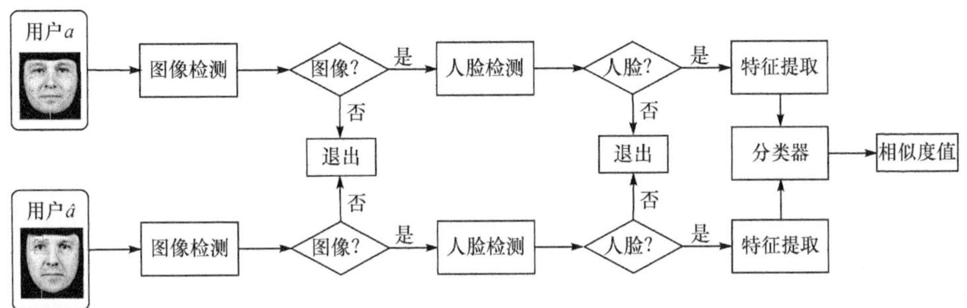

图 6.2　头像处理流程

(3) 位置类属性。人们通常在家里、办公室、常去的咖啡厅等发布 UGC，因此 UGC 的发布位置往往可以作为较为显著的特征用于关联用户挖掘。若将位置视为经纬度坐标，可从三个方面计算用户 a 和 $\hat{a}$ 的位置相似度：①相同的位置区域数量；②位置区域的 cosine 相似度值；③位置的平均距离。

(4) 时间类属性。UGC 的时间分布也能体现出人们对社交网络的使用习惯。可以从两个方面计算用户 a 和 $\hat{a}$ 的时间相似度：①相同时间段的数量；②时间段的 cosine 相似度值。

(5) 其他文本类属性。对于用户 a 和 $\hat{a}$ 的其他文本类属性，采用 TF-IDF 模型构建文本属性的“词袋”空间向量，而后使用 cosine 相似度计算文本属性的相似度值。

6.3.2　属性相似度融合

现有较好的基于用户属性的关联用户挖掘方法多采用机器学习方法进行判别，无需进行多属性的融合。通常，线性加权法是融合多属性相似度的常规方法。若用户 a 和 $\hat{a}$ 通过分析选定 n 个属性用于关联用户挖掘，则其相似度值为

$$\mathrm{sim}(a,\hat{a}) = \sum_{i=1}^{n} \alpha_i \cdot \mathrm{sim}_i(a,\hat{a}) \tag{6-8}$$

其中，α_i为属性 i 相似度的权重。然而，在关联用户挖掘中，无需所有属性的相似度都较大时 a 和 $\hat{a}$ 才关联，当某一或某些属性值较大时 a 和 $\hat{a}$ 就有很大概率相关联。因此，采用 Logit 回归模型融合用户属性相似度，即

$$\mathrm{sim}(a,\hat{a}) = \left(1 + \mathrm{e}^{-\sum_{i=1}^{n} \alpha_i \cdot \mathrm{sim}_i(a,\hat{a})}\right)^{-1} \tag{6-9}$$

由于属性 i 相似度的权重 α_i 与属性 i 的效用指标 CP_i 有直接关系。因此，公式(6-8)和公式(6-9)中 α_i 的计算公式为

$$\alpha_i = \frac{\mathrm{CP}_i + \varepsilon}{\sum_{j=1}^{n} \mathrm{CP}_j + n\varepsilon} \tag{6-10}$$

其中，ε 为一个极小正数值，以防止过拟合。

6.3.3　用户关系融合建模

好友关系是社交网络中普遍存在的属性信息。在关注型社交网络(如微博等)中，好友关系指双向关注关系。相对于单向关注关系，它更不易于伪造，更具有稳定性。因此采用好友关系进行关联用户挖掘。

在社交网络中，用户关系是信息传播的路径。通常，人们使用图模型构建社交网络模型，使用邻接矩阵描述社交网络中的用户关系。若 A 表示 SN_A 的邻接矩阵，则在好友型社交网络模型中，A 为对称矩阵。A'为 A 的标准化矩阵，即 $A'_{ij} = A_{ij} / \sum_{k=1}^{|A|} A_{kj}$，其中$|A|$为 $\mathrm{SN_A}$ 中的用户数。A'可视为单一社交网络中的分数传递矩阵，即 $y = A'x$，y 和 x 都是长度为$|A|$的列向量。此时，每次矩阵向量乘操作都可视为对任一节点 i，其将向其邻居节点推送 $x_i / d(i)$的分数值，其中 $d(i)$为节点 i 的度。

在单一社交网络中，通常认为一个节点重要是因为其邻居节点重要引起的。在此基础上，人们使用 $x = A'x$，通过不断迭代来挖掘重要节点(pagerank 算法)。相似地，在基于网络的关联用户挖掘中，通常认为其邻居都为关联用户的一对用户也为关联用户。为将 SN_A 和 SN_B 的用户关系进行融合以挖掘关联用户，采用张量积形成两个社交网络的用户关系融合矩阵，即

$$C' = A' \otimes B' \tag{6-11}$$

其中，A'和 B'分别为 SN^A 和 SN^B 邻接矩阵的标准化矩阵。在 2 阶张量中，$\otimes$ 又称

克罗内克积。

6.3.4　用户属性和用户关系的一致性建模

用户属性和用户关系的一致性建模是综合用户属性和用户关系进行关联用户挖掘的关键问题之一。若矩阵 S 表示社交网络 SN^A 和 SN^B 中用户的关联度矩阵，S 中关联度较高的项对应的两个用户为关联用户的可能性较大。$s = \text{vec}(S)$为 S 的按列展开后的向量，其中 $\text{vec}(\cdot)$为向量化算子，则融合公式(6-11)可构建基于用户关系的关联模型为

$$s = A' \otimes B's \tag{6-12}$$

在此基础上，若矩阵 P 表示 SN^A 和 SN^B 中用户属性相似度，$p = \text{vec}(P)$，p' 为 p 的标准化矩阵，即 $p'_{ij} = p_{ij} / \sum_{k=1}^{|A|} p_{jk}$ 。采用线性加权法融合用户属性和用户关系，有

$$s = \beta A' \otimes B's + (1-\beta)p', \quad \beta \in [0,1] \tag{6-13}$$

显然，公式(6-13)为典型的 Sylvester 方程。求解公式(6-13)中的 s，则 s 中值大于设定阈值的项所对应的用户对即为所待挖掘的关联用户。Sylvester 方程的求解可利用 Grasedyck 方法[123]从理论上进行求解。

此外，公式(6-13)无需先验知识，避免了种子用户获取困难的问题，也避免了关联用户挖掘对种子用户质量和数量的依赖。

6.3.5　关联用户挖掘方法

由于 s 为标准化矩阵，故有 $s \cdot 1 = I$，其中 1 为全 1 向量，I 为单位矩阵。故公式(6-13)可转换为

$$s = \left(\beta A' \otimes B' + (1-\beta)p'1^{\mathrm{T}}\right)s \tag{6-14}$$

求解 s，实质上是求解矩阵 $Z = \beta A' \otimes B' + (1-\beta)p'1^{\mathrm{T}}$ 的特征值，可采用迭代方式进行求解，即

$$s^{(k+1)} \leftarrow \frac{Zs^{(k)}}{|Zs^{(k)}|} \tag{6-15}$$

当 s 收敛时，即为 s 的解，且 s 中数值较高的项对应的用户对即为 SN^A 和 SN^B 的潜在关联用户。关联用户可能存在着一对一关联和多对多关联的问题，解决方法如下。

(1) 一对一关联。采用相似值优先策略处理，即按 s 中数值由高到低排序，每取出最大值所对应的项，则该项所对应的两个用户视为关联用户。

(2) 多对多关联。s 中数值高于设定阈值的项所对应的所有用户对都为关联用户。

6.4 关联用户挖掘模型的逼近近似求解和并行计算方法

6.4.1 逼近近似求解

关联用户挖掘模型的逼近近似求解是模型可应用性的关键。对公式(6-13)展开，不难得出

$$s^{(n)} = \beta^n (A' \otimes B')^n s^{(0)} + (1-\beta)\sum_{k=0}^{n-1} \beta^k (A' \otimes B')^k p' \tag{6-16}$$

由克罗内克积性质，可以得出

$$S^{(n)} = \beta^n B'^n S^{(0)} (A'^{\mathrm{T}})^n + (1-\beta)\sum_{k=0}^{n-1} \beta^k B'^k P' (A'^{\mathrm{T}})^k \tag{6-17}$$

当 $n \to \infty$ 时，$S^{(n)}$与 $S^{(0)}$无关，故可令 $S^{(0)} = P'$。而后，对 P'进行矩阵低秩分解，如 SVD 等，提高算法的执行效率。具体地，若采用 SVD 分解矩阵 P'，即

$$P' = \sum_{i=1}^{r} \delta_i u_i v_i \tag{6-18}$$

其中，$r \ll \min(|A|, |B|)$为矩阵 P'的秩，$\delta_i > 0$, u_i 和 v_i 分别为奇异值及其所对应的向量。将公式(6-18)带入公式(6-17)，构建 S 的逼近近似求解方法，最终形成关联用户挖掘近似计算算法。

6.4.2 并行实现

为减少关联用户挖掘模型的运行时间，分布式计算是最常用的使用方法。在关联用户挖掘上，主要涉及矩阵的乘法运算。HAMA(https://hama.apache.org/)是基于 BSP(bulk synchronous parallel)计算技术的并行计算框架，用于大量的科学计算(如矩阵、图论、网络等)。BSP 计算技术最大的优势是加快迭代，在解决最小路径等问题中可以快速得到可行解。同时，HAMA 提供简单的编程，如 flexible 模型、传统的消息传递模型，而且兼容很多分布式文件系统，如 HDFS、HBase 等。研究人员可以使用现有的 Hadoop 集群进行 HAMA BSP。

6.5 本章小结

社交网络融合为社交网络各项研究提供更完整的数据。准确、全面、快速的关联用户挖掘是大型社交网络融合的根本问题，已成为社交网络研究的前沿和热点。由于大型社交网络具有数据量大、用户属性相似、稀疏且存在虚假和不一致等特点，基于用户属性的模型较难适应大型社交网络融合，基于用户关系的方法不易挖掘好友少的关联用户且效果依赖已知关联用户。为此，本章以构建准确、全面、快速的面向大型社交网络融合的关联用户挖掘模型和方法为目标，阐述了几点:①面向关联用户挖掘的用户属性效用评价体系,系统分析用户属性的效用;②综合用户属性和用户关系构建关联用户挖掘模型和方法；③基于低秩矩阵分解的模型逼近近似求解及并行计算架构下的计算方法。

第 7 章 总结与展望

7.1 总　　结

社交网络融合为社会计算等各项研究提供更充分的用户行为数据和更完整的网络结构，从而更有利于人们通过社交网络理解和挖掘人类社会，具有重要的理论价值和实践意义。社交网络中的关联用户挖掘旨在通过挖掘不同社交网络中同属于同一自然人的不同账号，实现社交网络的深度融合。因此，关联用户挖掘是大型社交网络融合的基础问题，近年来已引起人们的广泛关注。

一方面，用户属性是挖掘关联用户的最直观方法。现阶段，大多数关联用户发现方法都基于用户属性(如昵称、头像)相似度的计算。然而，大型社交网络中用户属性的相似性、稀疏性、虚假性和不一致性使得单纯使用用户属性挖掘关联用户的方法易受恶意用户的攻击，健壮性较差，给关联用户挖掘带来了极大的挑战。

另一方面，用户关系，尤其是好友关系，是社交网络中较稳定、不易受攻击且可获取的信息。然而，基于用户关系的最相关研究大都针对匿名化的社交网络在线发布数据的还原(又称“去匿名化”)。“去匿名化”方法大多适用于部分子网高度重叠的两个网络，不能直接应用于节点和关系都部分重叠的社交网络融合。

考虑真实世界的朋友圈极具个性化，也即现实中没有两个人具有完全一致的朋友圈。同时，相同的用户在不同的社交网络中往往具有部分相同的好友关系。本书基于社交网络的好友关系，充分利用好友关系的唯一性、稳定性和一致性，探索关联用户挖掘的方法。具体内容包括以下几点。

(1) 系统定义了关联用户挖掘的基本术语，并给出了关联用户挖掘的数学定义。在此基础上，针对本书研究的出发点，从用户重叠和好友关系重叠两个方面论述基于好友关系关联用户挖掘的可行性。

(2) 总结了关联用户挖掘的总体框架，并深入分析了关联用户挖掘的研究现状及其所存在的难点问题。总体上说，关联用户挖掘大都需要构建特征提取模型和识别模型。本书分别从用户属性、用户关系和综合方法总结了面向关联用户挖掘的特征提取模型，从有监督、半监督和无监督三个方面总结了关联用户识别模型。在此基础上，给出了当前关联用户挖掘可用的数据集和性能评价指标。

(3) 提出一种基于好友关系的半监督关联用户挖掘方法(FRUI)。针对用户属性的稀疏性、不一致性和虚假性等问题，本书充分利用社交网络好友关系的唯一性、稳定性和一致性，提出了 FRUI。FRUI 根据先验关联用户计算所有候选关联用户的匹配度，而后将匹配度值最大的候选关联用户视为关联用户。为提升算法的运行效率，本书提出了两个理论命题。同时，本书还从理论上论证了 FRUI 算法的可行性。大量的实验结果表明 FRUI 算法比 NS 算法具有更好的关联用户识别性能。

(4) 提出了一种基于好友关系的无监督关联用户挖掘方法(FRUI-P)。现有有监督和半监督关联用户算法的性能往往受先验关联用户数量和质量的影响，且很多情况下先验关联用户无法通过计算机直接获取，需要进行烦琐的人工标注。针对该问题，本书提出了 FRUI-P。FRUI-P 首先从社交网络的好友关系中学习并提取每个用户的好友特征，形成好友特征向量，而后通过好友特征向量计算两个社交网络中所有候选关联用户的相似度，并根据相似度建立一种一对一匹配的关联用户识别模型。本书从理论上证明了 FRUI-P 算法的运行效率。大量的实验结果表明，FRUI-P 算法比 NM 算法具有更好的关联用户挖掘效果，并能为有监督和半监督关联用户挖掘算法提供先验关联用户。

(5) 本书还分析了所提出的 FRUI 和 FRUI-P 算法对企业知识管理的应用。新时期下，社交网络对知识管理带来了巨大的影响：一方面，社交网络扩大了知识管理的空间范畴，降低了知识管理的时间限制；另一方面，社交网络也为知识管理带来了新的挑战。FRUI 算法有助于企业快速应变因企业内部人员变化对社交网络环境下知识管理的影响，FRUI-P 算法则为企业快速应变外部社交网络变迁对知识管理的影响提供技术方案。

7.2 展　　望

围绕社交网络关联用户挖掘当前的研究现状，未来可开展的研究方向包括以下几点。

(1) 用户属性对关联用户挖掘的效用评价体系。社交网络包含用户名、头像、用户行为等多种属性信息。然而，不同的用户属性对关联用户挖掘的效用不一样，甚至某些属性可能会对关联用户挖掘起反作用。为此，如何从社交网络用户属性的相似性、稀疏性、虚假性和不一致性出发，构建面向关联用户挖掘的用户属性效用评价体系，遴选适合关联用户挖掘的用户属性，将为构建准确、全面的关联用户挖掘模型和方法建立基础。

(2) 在无先验用户情况下，基于用户关系的关联用户挖掘方法。随着先验用户获取越来越困难，面向无先验用户的关联用户挖掘方法[114, 115]已引起了广泛关注。如何在无先验或者极少先验的情况下，精确地挖掘关联用户将是当前关联用户挖掘的重要研究内容。本书所提出的 FRUI-P 是其中一种基于好友关系的无监督关联用户挖掘方法。在未来的研究中，可以引入更多的学习模型，如网络表示学习模型等，综合引用用户属性和用户关系，构建更健壮、更全面的关联用户挖掘模型。其研究成果将为基于先验关联用户的方法提供先验知识，也将为“去匿名化”提供借鉴思路。

(3) 面向大数据的关联用户挖掘模型及求解方法。现阶段许多关联挖掘模型都局限于小规模的数据量，如 NM 算法，如何采用低秩矩阵分解[124]、深度学习[125]、并行计算[126]等前沿理论和方法，高效解决海量数据下的社交网络关联用户挖掘将是一个重要的研究方向。

(4) 综合用户属性和用户关系的关联用户挖掘混杂模型和方法。在用户属性中融入用户关系，构建关联用户挖掘模型，可以避免模型受恶意用户的攻击，提升模型的准确率；在用户关系中融入用户属性，可以更准确地识别度数较低的用户，提升关联用户挖掘模型的准确率和召回率。综合用户属性和用户关系是社交网络关联用户挖掘的必然趋势，然而，用户属性和用户关系是社交网络的不同要素，用户在属性上的相似性易于用相似度表达。不同的社交网络具有不同的用户关系，在无先验用户的情况下，现有的理论和方法较难给出一种适用于关联用户挖掘的用户关系相似度计算模型，从而无法将用户属性和用户关系统一于不同维度上的相似度融合。统一用户属性和用户关系，构建关联用户挖掘混杂模型和方法将是一种必然。

(5) 考虑社交网络演变的关联用户挖掘模型及其求解方法。社交网络是一个不断演变的网络，随着时间的变化，网络中的好友关系也将随之发生演变。如何针对社交网络的动态特性，建立关联用户挖掘模型及其求解方法，也将是社交网络关联用户挖掘的一个重要研究方向。

(6) 跨社交网络研究。社交网络融合将为社交网络各项研究提供更充分的数据基础。如何利用社交网络融合的研究成果开展跨社交网络研究将是未来的一个重要趋势，如协同推荐的“冷启动”问题。对于 SN^A 中的用户 U_i^A ，其用户关系为 F_i^A 。通过关联用户挖掘， F_i^A 中部分用户在 SN^B 的关联用户集合为 $F_i'^B$ 。当 U_i^A 新注册 SN^B 时，可合理为其推荐其潜在好友 $F_i'^B$ ，从而为“冷启动”提供新的解决思路。

面向社交网络融合的关联用户挖掘方法已逐渐引起了学术和产业界的关注。一方面，该方法研究将能为社交网络的“去匿名化”问题提供借鉴，为协同推荐的“冷启动”问题提供新的解决思路；另一方面，将直接从网络节点上建立社交网络间的关联，为社会计算等社交网络挖掘提供更充分地用户行为数据和网络结构，有利于人们更好地通过社交网络认识人类社会，其研究具有重要的理论和实践意义。

参考文献

[1] Ellison N B. Social network sites: Definition, history, and scholarship[J]. Journal of Computer-Mediated Communication, 2007, 13(1): 210-230.

[2] Wang F Y, Li X C, Mao W J, et al. Social Computing: Methods and Applications[M]. Hangzhou: Zhejiang University Press, 2014.

[3] Fortunato S, Hric D. Community detection in networks: A user guide[J]. Physics Reports, 2016, 659: 1-44.

[4] Morone F, Makse H A. Influence maximization in complex networks through optimal percolation[J]. Nature, 2015,524(7563): 65-68.

[5] Zhiyuli A, Liang X, Zhou X. Learning structural features of nodes in large-scale networks for link prediction[C]//The 30th Aaai Conference on Artificial Intelligence, 2016: 4286-4288.

[6] Pang B, Lee L. Opinion mining and sentiment analysis[J]. Foundations and Trends in Information Retrieval, 2008, 2(1/2): 1-135.

[7] Chen H, Chiang R H L, Storey V C. Business intelligence and analytics: From big data to big impact[J]. MIS Quarterly, 2012, 36(4): 1165-1188.

[8] Xiang Z, Gretzel U. Role of social media in online travel information search[J]. Tourism Management, 2010, 31(2): 179-188.

[9] Tang L, Liu H, Wen Y M, et al. Community Detection and Mining in Social Media[M]. Beijing: China Machine Press, 2012.

[10] Liang X, Yang X P, Zhou X P, et al. Social Computing on the Big Data of Social Media[M]. Beijing:Tsinghua University Press,2014.

[11] Bodhit A, Amin K. Possible solutions of new user or item cold-start problem[J]. International Journal of Mathematics and Computer Research, 2013, 1(4): 123-128.

[12] Li C Y, Lin S D. Matching users and items across domains to improve the recommendation quality[C]//Proceedings of the 20th ACM SIGKDD International Conference on Knowledge Discovery and Data Mining. ACM, 2014: 801-810.

[13] Min W, Bao B K, Xu C, et al. Cross-platform multi-modal topic modeling for personalized inter-platform recommendation[J]. IEEE Transactions on Multimedia, 2015, 17(10): 1787-1801.

[14] Balduzzi M, Platzer C, Holz T, et al. Abusing social networks for automated user profiling [C]//Recent Advances in Intrusion Detection, 2010: 422-441.

[15] Irani D, Webb S, Li K, et al. Large online social footprints-An emerging threat[C]//International Conference on Computational Science and Engineering, IEEE, 2009, 3: 271-276.

[16] Chen Y, Zhuang C, Cao Q, et al. Understanding cross-site linking in online social networks [C]//Proceedings of the 8th Workshop on Social Network Mining and Analysis. ACM, 2014: 6.

[17] Ma X J, Sun Y Q, Liu F P. Privacy protection in social media[J]. China Computer Federal

Communication, 2011, 7(1): 52-56.

[18] Ahlqvist T, Bäck A, Halonen M, et al. Social media road maps exploring the futures triggered by social media[J]. VTT Tiedotteita-Valtion Teknillinen Tutkimuskeskus, 2008, 2454: 13.

[19] Shu K, Wang S, Tang J, et al. User identity linkage across online social networks: A review[J]. ACM SIGKDD Explorations Newsletter, 2017, 18(2): 5-17.

[20] Connecting the Social Graph: Member Overlap at Open Social and Facebook[OL/DB]. http://blog.com-pete.com/2007/11/12/connecting-the-social-graph-member-over-lap-at-opensocial-and-facebook. 2017-12-12.

[21] Goga O, Perito D, Lei H, et al. Large-scale correlation of accounts across social networks[R]. University of California at Berkeley, 2013.

[22] Narayanan A, Shmatikov V. De-anonymizing social networks[C]//The 30th IEEE Symposium on Security and Privacy, 2009: 173-187.

[23] Jain P, Kumaraguru P, Joshi A. @ i seek'fb. me': Identifying users across multiple online social networks[C]//Proceedings of the 22nd International Conference on World Wide Web. ACM, 2013: 1259-1268.

[24] Jain P, Kumaraguru P. Joshi A. Who's who: Linking user's multiple identities on online social media[C]//Proceedings of the 18th International Conference on Management of Data, 2012.

[25] Xuan Q, Wu T J. Node matching between complex networks[J]. Physical Review E, 2009, 80(2): 026103.

[26] Iofciu T, Fankhauser P, Abel F, et al. Identifying users across social tagging systems[C]//AAAI Conference on Weblogs and Social Media, 2011:522-525.

[27] Nie Y, Jia Y, Li S, et al. Identifying users across social networks based on dynamic core interests[J]. Neurocomputing, 2016, 210: 107-115.

[28] Ma J, Qiao Y, Hu G, et al. Balancing user profile and social network structure for anchor link inferring across multiple online social networks[J]. IEEE Access, 2017, 5: 12031-12040.

[29] Perito D, Castelluccia C, Kaafar M A, et al. How unique and traceable are usernames?[C]// International Symposium on Privacy Enhancing Technologies Symposium, 2011: 1-17.

[30] Zhang H, Kan M, Liu Y, et al. Online social network profile linkage[C]//Asia Information Retrieval Symposium, 2014: 197-208.

[31] Zhang H, Kan M, Liu Y, et al. Online social network profile linkage based on cost-sensitive feature acquisition[C]//Chinese National Conference on Social Media Processing, 2014: 117-128.

[32] Motoyama M, Varghese G. I seek you: Searching and matching individuals in social networks [C]//Proceedings of the 11th International Workshop on Web Information and Data Management. ACM, 2009: 67-75.

[33] Man T, Shen H, Liu S, et al. Predict anchor links across social networks via an embedding approach[C]// International Joint Conference on Artificial Intelligence, 2016, 16: 1823-1829.

[34] Mu X, Zhu F, Lim E P, et al. User identity linkage by latent user space modelling[C]//Proceedings of the 22nd ACM SIGKDD International Conference on Knowledge Discovery and Data Mining. ACM, 2016: 1775-1784.

[35] Zafarani R, Liu H. Connecting users across social media sites: A behavioral-modeling approach [C]//Proceedings of the 19th ACM SIGKDD International Conference on Knowledge Discovery and Data Mining. ACM, 2013: 41-49.

[36] Goga O, Lei H, Parthasarathi S H K, et al. Exploiting innocuous activity for correlating users across sites[C]//Proceedings of the 22nd International Conference on World Wide Web, 2013: 447-458.

[37] Peled O, Fire M, Rokach L, et al. Entity matching in online social networks[C]//2013 International Conference on Social Computing (SocialCom), 2013: 339-344.

[38] Malhotra A, Totti L, Meira Jr W, et al. Studying user footprints in different online social networks[C]//2012 IEEE/ACM International Conference on Advances in Social Networks Analysis and Mining (ASONAM), 2012: 1065-1070.

[39] Zhang Y, Wang L, Li X, et al. Social identity link across incomplete social information sources using anchor link expansion[C]//Pacific-Asia Conference on Knowledge Discovery and Data Mining, 2016: 395-408.

[40] Korula N, Lattanzi S. An efficient reconciliation algorithm for social networks[J]. Proceedings of the VLDB Endowment, 2014, 7(5): 377-388.

[41] Liu S, Wang S, Zhu F, et al. Hydra: Large-scale social identity linkage via heterogeneous behavior modeling[C]//Proceedings of the 2014 ACM SIGMOD International Conference on Management of Data. ACM, 2014: 51-62.

[42] Zafarani R, Tang L, Liu H. User identification across social media[J]. ACM Transactions on Knowledge Discovery from Data (TKDD), 2015, 10(2): 16.

[43] Bennacer N, Jipmo C N, Penta A, et al. Matching user profiles across social networks[C]// International Conference on Advanced Information Systems Engineering, 2014: 424-438.

[44] Tan S, Guan Z, Cai D, et al. Mapping users across networks by manifold alignment on hypergraph[C]//AAAI Conference on Artificial Intelligence, 2014, 14: 159-165.

[45] Liu L, Cheung W K, Li X, et al. Aligning users across social networks using network embedding[C]//International Joint Conference on Artificial Intelligence, 2016: 1774-1780.

[46] Riederer C, Kim Y, Chaintreau A, et al. Linking users across domains with location data: Theory and validation[C]//Proceedings of the 25th International Conference on World Wide Web, 2016: 707-719.

[47] Labitzke S, Taranu I, Hartenstein H. What your friends tell others about you: Low cost linkability of social network profiles[C]//Proceedings of the 5th International ACM Workshop on Social Network Mining and Analysis, 2011: 1065-1070.

[48] Liu J, Zhang F, Song X, et al. What's in a name?: An unsupervised approach to link users across communities[C]//Proceedings of the 6th ACM International Conference on Web Search and Data Mining. ACM, 2013: 495-504.

[49] Getoor L, Machanavajjhala A. Entity resolution: Theory, practice & open challenges[J]. Proceedings of the VLDB Endowment, 2012, 5(12): 2018-2019.

[50] Cai J, Strube M. End-to-end coreference resolution via hypergraph partitioning[C] //Proceedings

of the 23rd International Conference on Computational Linguistics, 2010: 143-151.

[51] Acquisti A, Gross R, Stutzman F. Faces of facebook: Privacy in the age of augmented reality[J]. BlackHat USA, 2011,(2):1-20.

[52] Ye N, Zhao Y L, Bian G Q, et al. A schema-independent user identification algorithm in social networks [J]. Journal of Xi'an Jiaotong University, 2013, 47(12): 19-25.

[53] Zhang H, Kan M Y, Liu Y, et al. Online social network profile linkage[C]//Asia Information Retrieval Symposium, 2014: 197-208.

[54] Cortis K, Scerri S, Rivera I, et al. An ontology-based technique for online profile resolution[C]// International Confrnrnce on Social Informatics, 2013: 284-298.

[55] Kong X, Zhang J, Yu P.S. Inferring anchor links across multiple heterogeneous social networks [C]//Proceedings of the 22nd ACM International Conference on Conference on Information and Knowledge Management. ACM, 2013: 179-188.

[56] Zheng R, Li J, Chen H, et al. A framework for authorship identification of online messages: Writing-style features and classification techniques[J]. Journal of the American Society for Information Science and Technology, 2006, 57(3): 378-393.

[57] Almishari M, Tsudik G. Exploring linkability of user reviews[C]//European Symposium on Reserch in Computer Security, 2012: 307-324.

[58] Nie Y, Huang J, Li A, et al. Identifying users based on behavioral-modeling across social media sites[C]//Asia-Pacific Web Conference, 2014: 48-55.

[59] Zafarani R, Liu H. Connecting corresponding identities across communities[C]//International ICWSM Conference, 2009, 9: 354-357.

[60] Lu C T, Shuai H H, Yu P S. Identifying your customers in social networks[C]//Proceedings of the 23rd ACM International Conference on Conference on Information and Knowledge Management. ACM, 2014: 391-400.

[61] Mylka A, Sauermann L, Sintek M, et al. Nepomuk contact ontology[R]. Technical Report, 2007.

[62] Lyzinski V, Fishkind D E, Fiori M, et al. Graph matching: Relax at your own risk[J]. IEEE Transactions on Pattern Analysis and Machine Intelligence, 2016, 38(1): 60-73.

[63] Ullmann J R. An algorithm for subgraph isomorphism[J]. Journal of the ACM (JACM), 1976, 23(1): 31-42.

[64] Narayanan A, Shi E, Rubinstein B I P. Link prediction by de-anonymization: How we won the Kaggle social network challenge[C]//The 2011 International Joint Conference on Neural Networks (IJCNN), 2011: 1825-1834.

[65] Singh R, Xu J, Berger B. Global alignment of multiple protein interaction networks with application to functional orthology detection[J]. Proceedings of the National Academy of Sciences, 2008, 105(35): 12763-12768.

[66] Fu H, Zhang A, Xie X. Effective social graph deanonymization based on graph structure and descriptive information[J]. ACM Transactions on Intelligent Systems and Technology (TIST), 2015, 6(4): 49.

[67] Fu H, Zhang A, Xie X. De-anonymizing social graphs via node similarity[C]//Proceedings of the

Companion Publication of the 23rd International Conference on World Wide Web Companion, 2014: 263-264.

[68] Bartunov S, Korshunov A, Park S T, et al. Joint link-attribute user identity resolution in online social networks[C]//Proceedings of the 6th International Conference on Knowledge Discovery and Data Mining, Workshop on Social Network Mining and Analysis, 2012.

[69] Xun Q. Node matching between complex networks based on genetic algorithm [J]. Journal of Heilongjiang Institute of Science & Technology, 2011, 21(3): 244-248.

[70] Nilizadeh S, Kapadia A, Ahn Y Y. Community-enhanced de-anonymization of online social networks[C]//Proceedings of the 2014 ACM SIGSAC Conference on Computer and Communications Security, 2014: 537-548.

[71] Lyzinski V, Fishkind D E, Fiori M, et al. Graph matching: Relax at your own risk[J]. IEEE Transactions on Pattern Analysis and Machine Intelligence, 2016, 38(1): 60-73.

[72] Johnson D S. The NP-completeness column: An ongoing guide[J]. Journal of Algorithms, 1985, 6(3):434-451.

[73] Pedarsani P, Figueiredo D R, Grossglauser M. A Bayesian method for matching two similar graphs without seeds[C]//The 51st Annual Allerton Conference on Commuication, Control and Computing, 2013: 1598-1607.

[74] Zhang Y, Tang J, Yang Z, et al. COSNET: Connecting heterogeneous social networks with local and global consistency[C]//Proceedings of the 21th ACM SIGKDD International Conference on Knowledge Discovery and Data Mining. ACM, 2015: 1485-1494.

[75] Yu M. Entity linking on graph data[C]//Proceedings of the Companion Publication of the 23rd International Conference on World Wide Web Companion, 2014: 21-26.

[76] Liu S, Wang S, Zhu F. Structured learning from heterogeneous behavior for social identity linkage[J]. IEEE Transactions on Knowledge and Data Engineering, 2015, 27(7): 2005-2019.

[77] Erdős P, Rényi A. On random graphs I[J]. Publications Mathematicae Debrecen, 1959, 6: 290-297.

[78] Watts D J, Strogatz S H. Collective dynamics of 'small-world' networks[J]. Nature, 1998, 393(6684): 440-442.

[79] Barabási A L, Albert R. Emergence of scaling in random networks[J]. Science, 1999, 286(5439): 509-512.

[80] Lattanzi S, Sivakumar D. Affiliation networks[C]//Proceedings of the 41th Annual ACM Symposium on Theory of Computing. ACM, 2009: 427-434.

[81] Chakrabarti D, Zhan Y, Faloutsos C. R-MAT: A recursive model for graph mining[C]//Proceedings of the 2004 SIAM International Conference on Data Mining, Society for Industrial and Applied Mathematics, 2004: 442-446.

[82] Goga1315 Dataset. http://www.mpi-sws.org/~ogoga/data.html[DB/OL]. 2018-03-01.

[83] Goga O, Loiseau P, Sommer R, et al. On the reliability of profile matching across large online social networks[C]//Proceedings of the 21th ACM SIGKDD International Conference on Knowledge Discovery and Data Mining. ACM, 2015: 1799-1808.

[84] Buccafurri12 Dataset. http://www.ursino.unirc.it/pkdd-12.html[DB/OL]. 2018-03-01.

[85] Buccafurri F, Lax G, Nocera A, et al. Discovering links among social networks[C]//Joint European Conference on Machine Learning and Knowledge Discovery in Databases, 2012: 467-482.

[86] Zhang15 Dataset. http://aminer.org/cosnet[DB/OL]. 2018-03-01.

[87] Cai J, Strube M. End-to-end coreference resolution via hypergraph partitioning[C] //Proceedings of the 23rd International Conference on Computational Linguistics, 2010: 143-151.

[88] Wang J, Li G, Yu J, et al. Entity matching: How similar is similar[J]. Proceedings of the VLDB Endowment, 2011, 4(10): 622-633.

[89] Elmagarmid A K, Ipeirotis P G, Verykios V S. Duplicate record detection: A survey[J]. IEEE Transactions on Knowledge and Data Engineering, 2007, 19(1): 1-16.

[90] Hassanzadeh O, Pu K Q, Yeganeh S H, et al. Discovering linkage points over web data[J]. Proceedings of the VLDB Endowment, 2013, 6(6): 445-456.

[91] Sadinle M, Fienberg S E. A generalized Fellegi-Sunter framework for multiple record linkage with application to homicide record systems[J]. Journal of the American Statistical Association, 2013, 108(502): 385-397.

[92] Kalashnikov D V, Chen Z, Mehrotra S, et al. Web people search via connection analysis[J]. IEEE Transactions on Knowledge and Data Engineering, 2008, 20(11): 1550-1565.

[93] Qian Y, Hu Y, Cui J, et al. Combining machine learning and human judgment in author disambiguation[C]//Proceedings of the 20th ACM International Conference on Information and Knowledge Management. ACM, 2011: 1241-1246.

[94] Tang J, Fong A C M, Wang B, et al. A unified probabilistic framework for name disambiguation in digital library[J]. IEEE Transactions on Knowledge and Data Engineering, 2012, 24(6): 975-987.

[95] Zhou X, Liang X, Zhang H, et al. Cross-platform identification of anonymous identical users in multiple social media networks[J]. IEEE Transactions on Knowledge and Data Engineering, 2016, 28(2): 411-424.

[96] Backstrom L, Dwork C, Kleinberg J. Wherefore art thou R3579x?: Anonymized social networks, hidden patterns, and structural steganography[C]//Proceedings of the 16th International Conference on World Wide Web. ACM, 2007: 181-190.

[97] Lezaud P. Chernoff-type bound for finite Markov chains[J]. Annals of Applied Probability, 1998: 849-867.

[98] Cooper C, Frieze A. The cover time of the preferential attachment graph[J]. Journal of Combinatorial Theory, 2007, 97(2):269-290.

[99] Hoffman D L, Fodor M. Can you measure the ROI of your social media marketing?[J]. MIT Sloan Management Review, 2010, 52(1): 41.

[100] Chang K K. All up in your Facebook: Using social media to screen job applicants[J]. New England Law Review On Remand, 2012, 47: 1.

[101] Kane G C. How facebook is delivering personalization on a whole new scale[J]. MIT Sloan Management Review, 2014, 56(1): 3.

[102] Alavi M, Leidner D E. Knowledge management and knowledge management systems: Conceptual foundations and research issues[J]. MIS Quarterly, 2001: 107-136.

[103] Argote L, McEvily B, Reagans R. Managing knowledge in organizations: An integrative framework and review of emerging themes[J]. Management Science, 2003, 49(4): 571-582.

[104] Chui M, Manyika J, Bughin J, et al. The social economy: Unlocking value and productivity through social technologies[J]. McKinsey Global Institute, 2012, 4: 35-58.

[105] Orlikowski W J. Knowing in practice: Enacting a collective capability in distributed organizing[J]. Organization Science, 2002, 13(3): 249-273.

[106] Kane G C, Alavi M. Information technology and organizational learning: An investigation of exploration and exploitation processes[J]. Organization Science, 2007, 18(5): 796-812.

[107] Griffith T L, Sawyer J E, Neale M A. Virtualness and knowledge in teams: Managing the love triangle of organizations, individuals, and information technology[J]. MIS Quarterly, 2003: 265-287.

[108] Treem J W, Leonardi P M. Social media use in organizations: Exploring the affordances of visibility, editability, persistence, and association[J]. Annals of the International Communication Association, 2013, 36(1): 143-189.

[109] Leonardi P M. Ambient awareness and knowledge acquisition: Using social media to learn "who knows what"and "who knows whom"[J]. MIS Quarterly, 2015, 39(4): 747-762.

[110] Kane G C J. Leveraging the extended enterprise: MITRE's handshake tool builds virtual collaboration[J]. MIT Sloan Management Review, 2014, 56(1): 1.

[111] Wu L. Social network effects on productivity and job security: Evidence from the adoption of a social networking tool[J]. Information Systems Research, 2013, 24(1): 30-51.

[112] Zhou X, Liang X, Du X, et al. Structure based user identification across social networks[J]. IEEE Transactions on Knowledge and Data Engineering, 2018, 30(6): 1178-1191.

[113] Mikolov T, Chen K, Corrado G, et al. Efficient estimation of word representations in vector space[J]. arXiv Preprint arXiv:1301.3781, 2013.

[114] Perozzi B, Al-Rfou R, Skiena S. Deepwalk: Online learning of social representations[C]//Proceedings of the 20th ACM SIGKDD International Conference on Knowledge Discovery and Data Mining. ACM, 2014: 701-710.

[115] Grover A, Leskovec J. Node2vec: Scalable feature learning for networks[C]//Proceedings of the 22nd ACM SIGKDD International Conference on Knowledge Discovery and Data Mining, 2016: 855-864.

[116] Tang J, Qu M, Wang M, et al. Line: Large-scale information network embedding[C]//Proceedings of the 24th International Conference on World Wide Web, 2015: 1067-1077.

[117] Pan S, Wu J, Zhu X, et al. Tri-party deep network representation[J]. Network, 2016, 11(9): 12.

[118] LeCun Y, Bengio Y, Hinton G. Deep learning[J]. Nature, 2015, 521(7553): 436-444.

[119] Lee C H, Xu X, Eun D Y. Beyond random walk and metropolis-hastings samplers: Why you should not backtrack for unbiased graph sampling[C]//ACM SIGMETRICS Performance Evaluation Review, 2012, 40(1): 319-330.

[120] Mnih A, Hinton G E. A scalable hierarchical distributed language model[C]//Advances in Neural Information Processing Systems, 2009: 1081-1088.

[121] Recht B, Re C, Wright S, et al. Hogwild: A lock-free approach to parallelizing stochastic gradient descent[C]//Advances in Neural Information Processing Systems, 2011: 693-701.

[122] von Krogh G. How does social software change knowledge management? Toward a strategic research agenda[J]. The Journal of Strategic Information Systems, 2012, 21(2): 154-164.

[123] Grasedyck L. Existence of a low rank or *H*-matrix approximant to the solution of a Sylvester equation[J]. Numerical Linear Algebra with Applications, 2004, 11(4):371-389.

[124] Lee J, Kim S, Lebanon G, et al. Local low-rank matrix approximation[J]. International Conference on Machine Learning, 2013, 28: 82-90.

[125] Schmidhuber J. Deep learning in neural network: An overview[J]. Neural networks, 2015, 61: 85-117.

[126] Chin W S, Zhuang Y, Juan Y C, et al. A fast parallel stochastic gradient method for matrix factorization in shared memory systems[J]. ACM Transactions on Intelligent Systems and Technology (TIST), 2015, 6(1): 2.